AF294915

Karl Baedeker

Die elektrischen Erscheinungen in metallischen Leitern

Leitung, Thermoelektrizität, galvanomagnetische Effekte,

Optik

Karl Baedeker

Die elektrischen Erscheinungen in metallischen Leitern

Leitung, Thermoelektrizität, galvanomagnetische Effekte, Optik

ISBN/EAN: 9783955622077

Auflage: 1

Erscheinungsjahr: 2013

Erscheinungsort: Bremen, Deutschland

@ Bremen-university-press in Access Verlag GmbH, Fahrenheitstr. 1, 28359 Bremen. Alle Rechte beim Verlag und bei den jeweiligen Lizenzgebern.

bremen
university
press

DIE

ELEKTRISCHEN ERSCHEINUNGEN

IN

METALLISCHEN LEITERN

(LEITUNG, THERMOELEKTRIZITÄT, GALVANOMAGNETISCHE EFFEKTE, OPTIK)

VON

DR. K. BAEDEKER

A. O. PROFESSOR AN DER UNIVERSITÄT JENA

MIT 25 IN DEN TEXT GEDRUCKTEN ABBILDUNGEN

BRAUNSCHWEIG

DRUCK UND VERLAG VON FRIEDRICH VIEWEG UND SOHN

1911

VORWORT.

Die elektrischen Eigenschaften der metallischen Leiter
finden sich in den Lehrbüchern in der Regel an verschiedenen
Stellen zerstreut untergebracht. Die rasche Entwickelung
der Elektrizitätslehre, insbesondere die der Elektronenlehre
im letzten Jahrzehnt gab auch auf diesem Gebiete eine solche
Erweiterung des Tatsachenmaterials, und eine so große Reihe
gemeinsamer Gesichtspunkte, daß die in diesem Buch unter-
nommene zusammenfassende Darstellung berechtigt erschien.

Für die gewählte Darstellung war es wesentlich, daß
die Theorie noch nicht in gleichem Maße, wie in anderen
Gebieten die Grundlage und den Zusammenhang der Erscheinungen zu geben beanspruchen kann. Nur in wenigen,
allerdings wesentlichen Punkten hat sie bis jetzt bis zu
definitiven Erfolgen durchgeführt werden können. Ihre Darstellung bildet daher mehr einen accessorischen Bestandteil
des Buches, und beschränkt sich meist auf die Durchführung
der Hauptprobleme unter möglichst einfachen Grundannahmen.
Es konnte dies um so eher geschehen, als schon in dieser
Sammlung selbst eine eingehende Darstellung der Theorie
von J. J. Thomson vorhanden war. Nur an zwei Stellen
wurde etwas mehr auf Einzelheiten eingegangen: bei der
Richardsonschen Theorie der Elektronenemission durch
glühende Leiter, die ich zum Teil als Grundlage für eine
neue Theorie der Thermoelektrizität benutzte, und in diesem
letzteren Kapitel selbst. Ich will bei dieser Gelegenheit er-
wähnen, daß ich während der Bearbeitung brieflich von

Herrn Krüger in Danzig erfuhr, daß er auf der gleichen Grundlage auch eine Theorie der Thermoelektrizität gegeben hat, die inzwischen auch veröffentlicht worden ist, aber noch nicht mit verwendet werden konnte.

Die experimentellen Ergebnisse des behandelten Gebiets sind ausführlicher wiedergegeben. Hier wurde eine gewisse Vollständigkeit, besonders in den Zahlenangaben, erstrebt. Dabei schien es mir dem Zweck dieses Buches am besten zu entsprechen, die in der Literatur vorhandenen Zahlen durch Umrechnung auf einheitliches Maßsystem und Interpolation möglichst bequem brauchbar zu machen, auf die Gefahr hin, einzelne Resultate zu verunstalten. Auch wurde Wert darauf gelegt, besonders die in den verbreiteten Handbüchern und Tabellen nicht enthaltenen Zahlen wiederzugeben.

Etwas kürzer, mehr in der Form eines Referats, ist nur das dem Gegenstand des Buches schon ferner liegende Gebiet der Metalloptik, wenigstens die Erscheinung der Dispersion, gefaßt.

Unter der benutzten Literatur, soweit nicht die Originalarbeiten selbst in Frage kamen, seien besonders die bei der Ausarbeitung sehr wertvollen „Berichte" des Jahrbuchs der Radioaktivität und Elektronik genannt, die für mehrere Kapitel eine wesentliche Grundlage lieferten. Es genügt an dieser Stelle als ihre Autoren besonders Riecke, Koenigsberger, Guertler und Zahn zu nennen, da die Gegenstände im Buch selbst angeführt werden.

Jena, September 1910.

K. Baedeker.

INHALTSVERZEICHNIS.

Einleitung.

Wesen der metallischen Leitung.

Die folgende Darstellung beabsichtigt, die Erscheinungsformen der Elektrizitätsbewegung in Metallen, den Strom, wie er durch verschiedenartige äußere Einwirkungen hervorgerufen oder modifiziert wird, zu beschreiben. Wir schließen hiernach alle die Phänomene aus, welche nicht für die Metalle typisch sind, sondern in Leitern aller Art gleichartig erfolgen, und die, für welche die Berührung des Metalls mit einem Elektrolyt oder Gas wesentlich ist.

Unter Metallen in diesem Sinne sind Leiter zu verstehen, bei denen der Durchgang des elektrischen Stromes nicht mit bleibenden materiellen Veränderungen verbunden ist. Während bei Elektrolyten der Stromdurchgang stets mit Bewegung von Materie verknüpft ist, die sich als Konzentrationsänderungen im Leiter und als Abscheidung seiner Bestandteile an der Eintritts- und Austrittsstelle des Stromes äußert, und während auch bei leitenden Gasen Massenbewegungen in einigen Fällen direkt beobachtet, in allen wahrscheinlich ist, so konnten analoge Erscheinungen bei Metallen und Metallmischungen auch in minimaler Größe nicht nachgewiesen werden.

Riecke[1] ließ durch ein System, bestehend aus drei gleichen, aufeinanderliegenden Zylindern von Kupfer, Aluminium und wieder Kupfer, die Elektrizitätsmenge von 958 Ampèrestunden im Laufe eines Jahres hindurchgehen. Die Wägung der Zylinder vor und nach dem Versuche ergab innerhalb $\pm$ 0,03 mg Gewichtsgleichheit. Roberts-Austen[2] versuchte mit starken Strömen eine ge-

---

[1] Phys. Zeitschr. **2**, 639 (1901). — [2] Vgl. Rapp. Congr. Phys. Paris 1900, **1**, 367.

schmolzene Gold-Bleilegierung zu elektrolysieren, ohne eine Spur der Abscheidung. Ähnliche Versuche sind auch noch von Kinsky[1]) angestellt worden, ohne positives Resultat.

Diese Eigenschaft der „metallischen Leitung" der Elektrizität findet sich nun durchaus nicht ausschließlich bei Metallen im Sinne der Chemie, also den elektropositiven Elementen, und ihren Legierungen. Feste Metalloide, soweit sie nachweisbare Elektrizitätsleitung zeigen, wie Kohle, Silicium, Selen, roter Phosphor, können sich infolge ihrer elementaren Natur nicht wohl von den eigentlichen Metallen unterscheiden. Aber auch eine große Zahl von festen Verbindungen leitet die Elektrizität metallisch, ohne zersetzt zu werden, nämlich im allgemeinen alle diejenigen, die im kristallisierten Zustande durch ihren Metallglanz auffallen, wie die in der Mineralogie als Glanze und Kiese bezeichneten Erze. Es scheint, daß überhaupt die Mehrzahl der Oxyde, Sulfide, Selenide usf. der Schwermetalle hierher gehört, die meist ein gut nachweisbares Leitvermögen haben, vielleicht aber auch zum Teil die öfters durchsichtigen Oxyde anderer Metalle, die erst bei Glühtemperatur leitend werden. Daß diejenigen Legierungen, welche Verbindungen sind oder solche enthalten, alle hierher gehören, erscheint selbstverständlich.

Nur ein geringer Teil der überhaupt merklich leitenden festen Verbindungen wird durch den Strom zersetzt. Ein Teil der hierüber vorliegenden Beobachtungen wird sich vielleicht noch durch eine sekundäre Wirkung nicht genügend ausgeschlossener Feuchtigkeit erklären, doch scheint für die salzartigen Verbindungen (z. B. $BaSO_4$) elektrolytische Leitung festzustehen. Nach chemischen Gesichtspunkten ist es bisher noch nicht möglich, für einen beliebigen Stoff metallische oder elektrolytische Leitung mit Sicherheit vorauszusagen.

Eine bis jetzt alleinstehende Klasse metallischer Leiter mit zum Teil erheblichem Leitvermögen bilden die Körper, welche entstehen, wenn Jod von den Halogenverbindungen des Silbers oder von Kupferjodür aufgenommen wird[2]), und die wahrscheinlich sehr ähnlichen, welche durch Einwirkung von Licht aus diesen Körpern gebildet werden.

---

[1]) Ztschr. f. Elektrochem. **14**, 406 (1908). — [2]) Baedeker, Ann. d. Phys. (4) **29**, 566 (1909).

Übergänge zwischen metallischer und elektrolytischer Leitung, bei denen also die Stromleitung zwar mit Zersetzung des Leiters verknüpft wäre, aber ohne daß die abgeschiedenen Mengen dem Faradayschen Gesetze entsprächen, sind mit Sicherheit noch nicht beobachtet worden, doch sind sie wohl grundsätzlich nicht ausgeschlossen.

Als metallische Leiter im flüssigen Zustand sind nur die elementaren Metalle und die Legierungen bekannt; Verbindungen sind noch nicht untersucht.

Einige Metalle leiten die Elektrizität auch im Dampfzustand — ohne Einwirkung von Ionisatoren — ziemlich gut. so besonders die Alkalimetalle [1]). Ob aber diese Leitung sich mit der metallischen vergleichen läßt, ist noch nicht anzugeben.

Übersicht über die behandelten Erscheinungen.

Eine umfassende Darstellung der in metallischen Leitern möglichen Erscheinungen würde die Kenntnis der Wirkung aller bekannten Energieformen auf den Strom, einzeln und in beliebiger Kombination, verlangen, und zwar sollte auch die Abhängigkeit dieser Wirkungen von der stofflichen Natur des Leiters, seiner chemischen Zusammensetzung dazu gegeben sein. Von der großen Zahl der möglichen Erscheinungen ist bisher aber eine ganze Anzahl ununtersucht geblieben, teils weil sie bisher des theoretischen Interesses ermangeln, teils weil die zu messenden Effekte zu klein sind; nur über eine beschränkte Zahl von Erscheinungsgruppen liegen wirklich abgeschlossene Resultate vor. Diese sind im folgenden vorwiegend behandelt. Weiter sind zwei in untrennbarer Beziehung zum Gegenstand stehende Nachbargebiete mit aufgenommen, nämlich die Erscheinung der Wärmeleitung in Metallen und ihre optischen Eigenschaften.

Unter Berücksichtigung des Umfangs der experimentellen und theoretischen Kenntnis der einzelnen Gebiete ergab sich dabei folgende Anordnung des Stoffes:

1. Die Elektrizitätsleitung bei Elementen, Verbindungen und Legierungen. Wirkung der Temperatur darauf.

---

[1]) J. J. Thomson, Elektrizitätsbewegung in Gasen. Deutsche Ausgabe, S. 189.

2. Die Wärmeleitung und ihre Beziehung zur Elektrizitätsleitung.

3. Die Thermoelektrizität und die reversibeln Wärmewirkungen des Stromes (Effekte von Peltier und Thomson).

4. Wirkungen des magnetischen Feldes (galvanomagnetische Effekte, Widerstandsänderung), und solche, die durch Kombination von Wärmeströmen und Magnetfeldern entstehen (thermomagnetische Effekte).

5. Zusammenhang der optischen Eigenschaften der Metalle mit den elektrischen.

Prinzipien der theoretischen Behandlung.

Die theoretische Behandlung aller dieser Erscheinungen folgt einem analogen Gange, wie in anderen Gebieten der Physik, und läßt sich durch folgende Gesichtspunkte charakterisieren. Nach dem Prinzip der Stetigkeit können allgemein, zunächst in kleinen Bereichen, die beobachteten Wirkungen — Ströme, elektromotorische Kräfte, Wärmeströme — als lineare Funktion ihrer Ursachen — elektrische Kraft, Temperatur, Druck usw. — angesehen werden. Die Erfahrung lehrt, daß für eine Anzahl der Erscheinungen diese Beziehung sogar für große Teile, mitunter für den ganzen Umfang des bisherigen Beobachtungsbereiches zutrifft (z. B. die Leitung nach Ohms Gesetz, die durch Druck hervorgerufenen Erscheinungen und die des vierten Kapitels).

Einen weiteren Schritt ergibt gelegentlich die Benutzung von Symmetriebeziehungen, sei es solcher, die den Leiter selbst betreffen, wie bei kristallisierten Leitern, sei es solcher, die der untersuchten äußeren Einwirkung als Skalar (Temperatur, Druck), oder Vektor (elektrisches und magnetisches Feld, Gefälle der Skalare) anhaften. In der Tat läßt sich hiermit schon eine ganze Reihe notwendiger Beziehungen, besonders für die kombinierte Wirkung mehrerer Einflüsse, voraussehen (so z. B. Kap. IV).

Die Anwendung des Energieprinzips ergibt einige weitere Erkenntnisse allgemeiner Art. Helmholtz bewies durch sie in seiner 1847 erschienenen Schrift schon die Notwendigkeit des Gesetzes der Voltaschen Reihe. Wir können, indem wir seinen Gedankengang erweitern, allgemein aussagen, daß keine wie immer geartete Kombination von konstanten äußeren Einwirkungen in einem System metallischer Leiter ohne vorhandene Temperaturdifferenzen einen Strom hervorbringen kann, denn, da materielle Veränderungen ausgeschlossen sind, würde ein solcher Arbeitsleistung ohne Äquivalent bedeuten. Die Möglichkeit von Potentialdifferenzen bei Berührung heterogener oder verschiedenen Einwirkungen unterworfener metallischer Leiter ist damit nicht ausgeschlossen. Es sei schon hier bemerkt, daß sie tatsächlich nie mit Sicherheit und unter Ausschluß von Nebenwirkungen beobachtet worden sind.

Soweit ist die theoretische Betrachtung wesentlich hypothesenfrei. Ihre Anwendung auf alle Erscheinungen ist zulässig und sicher, aber meist belanglos, da sie nichts Neues lehrt. Gehen wir aber einen Schritt weiter, zur Anwendung des zweiten Hauptsatzes der Wärmelehre auf Vorgänge, bei denen Temperaturunterschiede eine Rolle spielen, die thermoelektrischen und thermomagnetischen, so ist das nicht ohne eine Annahme möglich: Wir müssen nämlich voraussetzen, daß die Vorgänge der Wärmeübertragung von höherer auf niedere Temperatur hierbei reversibel erfolgen, was erst durch die Beobachtung bewiesen werden kann.

Über die soweit erhaltenen Resultate hinaus ist die Theorie erst gelangt durch Einführung spezieller Hypothesen über die Natur der zugrunde liegenden Vorgänge, deren wesentlichste die Anwendung des Atombegriffs auf die Elektrizität ist.

Elektronentheorie der metallischen Leitung.

Nachdem zuerst durch die Ionentheorie der elektrolytischen Leitung (Arrhenius 1884), dann durch die Korpuskulartheorie der Kathodenstrahlen (Lenard, J. J. Thomson 1898), eine begründete Basis für eine atomistische Auffassung der Elektrizität gegeben war, entwickelte sich folgerichtig aus dieser heraus die Anschauung, welche auch die Vorgänge der metallischen Leitung als Resultat der Bewegung kleinster Teilchen elektrischer Ladung ansieht. Diese Theorie ist zuerst von Riecke 1898, dann von Drude 1900 konsequent ausgeführt worden. J. J. Thomson und H. A. Lorentz haben an ihrem weiteren Ausbau den wesentlichsten Anteil.

Wir wollen für das Folgende im allgemeinen die prinzipiell einfachsten Annahmen für diese Theorie zugrunde legen [1]), indem wir folgende Grundvorstellungen einführen.

Im Innern der Metalle existiert die Elektrizität in atomistischer Verteilung. Die positive Elektrizität, die nach weitgehender Erfahrung immer fest an der Materie haftet, sitzt fest als Ladung an den Metallatomen, die sich nach S. 1 beim Strome nicht vom Orte bewegen können. Von den negativen Teilchen ist ein größerer oder geringerer Teil, je nach der Natur des Leiters und seiner Temperatur, durch eine Art Dissoziationsprozeß von den Metallatomen abgespalten und bewegt sich frei in dem nicht von Molekülen eingenommenen Raum. Diese Teilchen werden als wesensgleich mit den Elektronen angesehen, die die Kathodenstrahlen bilden. Wir schreiben ihnen daher die negative Ladung

$$e = 4{,}69 \cdot 10^{-10} \text{ elst.} = 1{,}565 \cdot 10^{-20} \text{ elmag. CGS-Einheiten [2])}$$

und das Verhältnis von Ladung zu Masse $\dfrac{e}{m} = 1{,}76 \cdot 10^7$ elmag. Einheiten [3]) zu. Da die Teilchen völlig frei beweglich sein sollen, so ergeben sich die Gesetze ihrer Bewegung: ihre mittlere Geschwindigkeit, Geschwindigkeitsverteilung, freie Weglänge nach denselben Grundsätzen, die bei der kinetischen Theorie der Gase ausgebildet worden sind.

Eine wesentliche Vereinfachung ist hier von Drude in die Theorie eingeführt worden. Nach ihm soll nämlich die durchschnittliche kinetische Energie der Teilchen, $\frac{1}{2} m v^2$, gleich sein dem Werte, den die Gastheorie für die materiellen Gase liefert. Dieser Wert ist der absoluten Temperatur T proportional. Der Proportionalitätsfaktor, die universelle Konstante der Gastheorie, läßt sich sogar unter dieser Annahme hier noch mit größerer Sicherheit berechnen als aus den Daten der Gase. Verstehen wir unter N die Anzahl der Moleküle pro Mol, unter R die Gaskonstante pro Mol, also $8{,}316 \cdot 10^7$ Erg/Grad, so gilt [4]) die Gleichung

---

[1]) Eine Vergleichung der verschiedenen Anschauungen siehe E. Riecke, Jahrb. d. Radioaktivität 3, 24 (1906). — [2]) Dies ist der von Planck aus der Strahlungstheorie bestimmte Wert. Neueste direkte Beobachtungen sind zusammengestellt bei Millikan, Phil. Mag. [6] 19, 209 (1910). — [3]) Mittel der Werte von Bucherer, Classen, Wolz siehe Ann. d. Phys. (4) 30, 273, (1909). — [4]) Siehe z. B. Kinetische Gastheorie von G. Jäger, Band XII dieser Sammlung, S. 7.

$$\frac{1}{3} N m v^2 = R T \quad \text{oder} \quad \frac{1}{2} m v^2 = \frac{3}{2} \frac{R}{N} T \cdot \cdot \cdot (1)$$

Nun ist aber die aus der Elektrochemie bekannte Ladung eines Mols, $F = 9647$ elmag. Einheiten, gleich dem Produkt aus N und der Elementarladung, es wird also

$$N = \frac{F}{e} = \frac{9647}{1{,}565 \cdot 10^{-20}} = 6{,}175 \cdot 10^{23}$$

und man erhält aus (1)

$$\frac{1}{2} m v^2 = \frac{3}{2} \frac{8{,}316 \cdot 10^7}{6{,}175 \cdot 10^{23}} T = 2{,}02 \cdot 10^{-16} T;$$

der universelle Faktor der Gastheorie hat also den Wert

$$\alpha = 2{,}02 \cdot 10^{-16}.$$

Eine gewisse direkte Begründung hat die Drudesche Annahme gefunden durch die Beobachtungen von Richardson über die Geschwindigkeit der Elektronen, welche zum Glühen erhitzte Metalle emittieren, auf die wir S. 10 noch näher eingehen werden.

Die Kenntnis des Verhältnisses von Ladung zur Masse für die Kathodenstrahlen zusammen mit der mittleren kinetischen Energie der Elektronen im Metall liefert uns den Wert der mittleren Geschwindigkeit $\sqrt{v^2}$. Am direktesten gehen wir von der Gleichung (1) aus. Es ist bei 0^0

$$v^2 = \frac{3 \cdot R}{F} \cdot \frac{e}{m} T = \frac{3 \cdot 8{,}316 \cdot 10^7}{9647{,}5} \cdot 1{,}763 \cdot 10^7 \cdot 273{,}1,$$

woraus

$$v = 1{,}11 \cdot 10^7 \, \text{cm/sec} = 111 \, \text{km/sec}.$$

In diese Rechnung geht also das Elementarquantum e gar nicht selbständig ein, sondern nur experimentell wohlbekannte Größen. Es ist bemerkenswert, daß die Geschwindigkeiten v selbst bei den höchsten erreichbaren Temperaturen noch stark unter der der Kathodenstrahlen zurückbleiben. Für 2000^0 z. B. wäre v erst etwa 300 km oder $^1/_{1000}$ Lichtgeschwindigkeit. Die Komplikationen, welche bei Annäherung an die Lichtgeschwindigkeit eintreten, liegen also noch weit ab.

Durch die Zusammenstöße der Teilchen mit den Metallatomen oder miteinander ist eine mittlere freie Weglänge im Sinne der Gastheorie bestimmt. Diese Stöße sind wohl am ehesten als

Wirkungen der elektrostatischen und magnetischen Kräfte der
Atome aufzufassen. Es ist schwierig, sich über ihre Natur eine
bestimmte Vorstellung zu machen, die Größen der mittleren freien
Weglängen sind daher auch noch ein sehr unsicheres Element
der Theorie.

Die Zusammenstöße der Teilchen mit den materiellen Molekülen oder mit ihresgleichen bewirken ferner, wie in der Gastheorie
gezeigt wird, daß unter ihnen Geschwindigkeiten von allen möglichen Größen und Richtungen vorkommen. Da das Gesetz, welches
nach Maxwell die Verteilung der Geschwindigkeiten darstellt, ohne Voraussetzungen über die Natur der Stöße und der
stoßenden Körper abgeleitet wird, ist es ohne weiteres auf die
Elektronenbewegung übertragbar. Unter n-Elektronen eines Kubikzentimeters ist danach[1]) die Zahl derjenigen, deren x-Komponente
der Geschwindigkeit zwischen u und $u + du$ liegt:

$$(2) \quad \ldots \ldots \ldots \quad n \left(\frac{m}{2\,R'\,\pi\,T} \right)^{\frac{1}{2}} e^{-\frac{m}{2\,R'\,T}\,u^2}\, du,$$

worin m die Masse des Elektrons und

$$R' = \frac{R}{N} = \frac{3}{2}\,\alpha$$

die Gaskonstante für ein einzelnes Molekül ist.

Aus diesen Grundvorstellungen über die Natur der Teilchen
und ihrer Bewegung ist die Art der Wirkung der verschieden-
artigen äußeren Einflüsse abzuleiten. Dies soll jeweils in den
einzelnen Kapiteln geschehen.

Einführung des Maxwellschen Verteilungssatzes
nach Lorentz.

H. A. Lorentz hat versucht, die Wirkung der Maxwellschen
Geschwindigkeitsverteilung auf die Elektronenbewegung näher zu
berechnen[2]). Das dabei zunächst behandelte allgemeine Problem
ist folgendes: Welche Veränderung an der von Haus aus vorhandenen Maxwellschen Verteilung bringt die Existenz beliebiger
elektrischer Felder und Temperaturgradienten im Leiter hervor?
Es findet sich dabei eine Modifikation der Maxwellschen Ver-

---

[1]) Vgl. z. B. Jäger, Gastheorie, S. 16. — [2]) Arch. Néerl. (2) **10**,
336—371 (1905).

teilung, die in einem Überwiegen der Elektronenbewegung in einer Richtung besteht.

Für diese Berechnung müssen folgende Voraussetzungen eingeführt werden:

1. Die Modifikation des Maxwellschen Gesetzes soll stets unbeträchtlich sein, d. h. die Änderung der Geschwindigkeiten klein gegen diese selbst.

2. Maßgebend sind nur Zusammenstöße der Elektronen mit den Metallatomen. Diese werden als elastische kugelförmige Gebilde von so großer Masse angenommen, daß sie beim Stoß unbewegt bleiben.

Die Berechnung, die hier nicht wiedergegeben werden kann, liefert dann — unter Beschränkung auf einen linearen Leiter — als Verteilungsfunktion der Geschwindigkeiten in der Richtung der Leiterachse einen Ausdruck, der sich von der normalen Maxwellschen Verteilung (2), S. 8, nur durch ein additives Glied unterscheidet, das die elektrische Kraft und den Temperaturgradienten enthält. Aus dieser neuen Funktion ergibt sich weiter die Zahl der Elektronen, die die Querschnittseinheit des Leiters pro Sekunde mit der Geschwindigkeit u passieren, durch Multiplikation mit u. Der erhaltene Ausdruck, mit der Elementarladung e multipliziert, liefert nach Integration über alle Geschwindigkeiten von $-\infty$ bis $+\infty$ die elektrische Stromdichte; durch Multiplikation mit der kinetischen Energie $\frac{1}{2} m (u^2 + v^2 + w^2)$ und Integration ergibt er analog die transportierte Energiemenge, d. h. den Wärmestrom.

Die Einführung der Maxwellschen Geschwindigkeitsverteilung in die Theorie der Elektronenbewegung hat ähnliche Folgen, wie seinerzeit in der kinetischen Gastheorie. Die Berechnungen werden erheblich schwieriger, die resultierenden Formeln unterscheiden sich aber bloß in den Zahlenfaktoren von den durch die elementare Betrachtung gewonnenen. Eine Kontrolle, ob durch die größere Strenge eine bessere Annäherung an die Erfahrung erreicht ist, ist noch nicht möglich. Jedenfalls sind ja auch in den Lorentzschen Annahmen noch Unsicherheiten enthalten. Insbesondere ist wohl die Voraussetzung nicht zulässig, daß die mittlere freie Weglänge völlig unabhängig sei von der Geschwindigkeit des Elektrons; die Abhängigkeit der Leitfähigkeit von der Temperatur (S. 24) scheint das nicht zuzulassen.

Elektronenemission glühender Körper.

Die eben wiedergegebenen Grundanschauungen der Elektronentheorie der Metalle sind durch O. W. Richardson in Beziehung gesetzt worden zu einer seit lange bekannten Gruppe von Erscheinungen, der Ionisation durch glühende Körper. Es ist bekannt, daß Metalle und eine Anzahl von Metalloxyden bei Glühtemperatur positive und besonders negative Ladungen nicht zu halten vermögen, auch nicht, wenn man sie ins Vakuum bringt. Während die positive Entladung in ihrem Verlauf unregelmäßig und mit der Zeit veränderlich ist, ist dies mit der negativen nicht der Fall. Die Größe des vom erhitzten Metall ausgehenden negativen Sättigungsstromes scheint im Vakuum wesentlich nur eine Funktion der Temperatur zu sein. Die negative Ladung verläßt dabei den glühenden Körper in Gestalt von Elektronen, denn das Verhältnis von Ladung zu Masse, das von J. J. Thomson[1]) und auch von Richardson[2]) durch die Wirkung gekreuzter magnetischer und elektrischer Felder bestimmt wurde, ergab sich nahe gleich dem für die Kathodenstrahlen bekannten Wert. Nach Richardsons Auffassung ist nun diese negative Entladung direkt verursacht durch ein dauerndes Entweichen eines Teiles der frei beweglichen Leitungselektronen. Wenn ein Elektron durch die Metalloberfläche in den leeren Raum austritt, so hat es dabei gegen eine nach innen ins Metall gerichtete Kraft Arbeit zu leisten. Diese Austrittsarbeit kann durch äußere Kräfte, Licht, Röntgenstrahlen u. dgl. erleichtert werden. Ist das nicht der Fall, so muß sie ganz der kinetischen Energie des Elektrons entnommen werden, wie hier zur Voraussetzung gemacht werden soll. Nehmen wir die x-Richtung normal zur Oberfläche, also als Richtung der Oberflächenkraft, so bleiben die y- und z-Komponenten bei dem ganzen Vorgang unberührt, und es folgt, daß ein auf die Oberfläche auftreffendes Elektron nur dann austreten kann, wenn u, die x-Komponente seiner Geschwindigkeit, größer ist als ein bestimmter Betrag. Es muß nämlich

$$\frac{1}{2}\,m\,u^2 > \varPhi \quad \text{also} \quad u > \sqrt{\frac{2\,\varPhi}{m}},$$

---

[1]) Phil. Mag. (5) **48**, 547 (1899); Elektrizitätsdurchgang in Gasen, S. 111. — [2]) Phil. Mag. (6) **16**, 740 (1908).

worin Φ die gesamte beim Durchtritt durch die Oberfläche zu leistende Arbeit ist. Da nun für die Verteilung der Geschwindigkeiten unter den Leitungselektronen das Maxwellsche Gesetz maßgebend sein soll, so ist die Zahl der Elektronen im Kubikzentimeter, deren x-Komponente der Geschwindigkeit zwischen u und $u + du$ liegt, nach (2), S. 8:

$$n \left(\frac{m}{2\,R'\,\pi\,T} \right)^{\frac{1}{2}} e^{-\frac{m}{2\,R'\,T}\,u^2}\, du.$$

Auf die Oberflächeneinheit des Metalls trifft nun pro Sekunde die in einem Zylinder von der Höhe u enthaltene Zahl mit der angegebenen Geschwindigkeit auf, also

$$n\,u \left(\frac{m}{2\,R'\,\pi\,T} \right)^{\frac{1}{2}} e^{-\frac{m}{2\,R'\,T}\,u^2}\, du.$$

Die Gesamtzahl der auftreffenden, deren Geschwindigkeitskomponente größer als $\sqrt{\dfrac{2\,\Phi}{m}}$ ist, ist gegeben durch:

$$\int_{\sqrt{\frac{2\,\Phi}{m}}}^{\infty} n\,u \left(\frac{m}{2\,R'\,\pi\,T} \right)^{\frac{1}{2}} e^{-\frac{m}{2\,R'\,T}\,u^2}\, du = n \left(\frac{R'}{2\,m\,\pi} \right)^{\frac{1}{2}} T^{\frac{1}{2}}\, e^{-\frac{\Phi}{R'\,T}}. \quad (1)$$

Besteht außerhalb des Metalls ein elektrisches Feld geeigneter Richtung, so wird jedes austretende Elektron sofort weggeführt, und der entstehende Sättigungsstrom wird pro Quadratzentimeter Oberfläche

$$j = e\,n \left(\frac{R'}{2\,m\,\pi} \right)^{\frac{1}{2}} T^{\frac{1}{2}}\, e^{-\frac{\Phi}{R'\,T}} \ldots \ldots \quad (1')$$

Unter der Voraussetzung, daß n und Φ keine oder nur schwache Temperaturfunktionen sind, wird also der Sättigungsstrom als Funktion der Temperatur die Gestalt haben:

$$j = A\,T^{\frac{1}{2}}\, e^{-\frac{B}{T}} \ldots \ldots \ldots \quad (1'')$$

Nun ist in allen bisher beobachteten Fällen, nämlich bei Pt, Ta, Na, C, ferner bei einer größeren Anzahl von Metalloxyden eine Formel dieser Gestalt gut zutreffend gefunden worden. A und B sind voneinander unabhängige Stoffkonstanten, wie sie in nachstehender Tabelle für einige Fälle zusammengestellt sind. Die Sättigungsströme pro Quadratzentimeter Oberfläche steigen von unmeßbar kleinen Werten bei Zimmertemperatur bei 1000 bis 2000⁰ zu recht beträchtlicher Größe an. Für Kohle beispielsweise läßt sich ein Ampère pro Quadratzentimeter erreichen.

Tabelle I.

	A	n	B	Φ	φ
Platin	$3,7 \cdot 10^{17}$	$5,1 \cdot 10^{21}$	$5,92 \cdot 10^4$	$10,3 \cdot 10^{-12}$	5,1
Tantal	$3,3 \cdot 10^{13}$	$4,5 \cdot 10^{17}$	$4,30 \cdot 10^4$	$7,5 \cdot 10^{-12}$	3,7
Kohle	$5,7 \cdot 10^{16}$	$7,8 \cdot 10^{21}$	$5,34 \cdot 10^4$	$9,2 \cdot 10^{-12}$	4,6
Calciumoxyd . . .	$1,29 \cdot 10^{17}$	—	$4,03 \cdot 10^4$	$5,43 \cdot 10^{-12}$	3,46
Berylliumoxyd . .	$3,1 \cdot 10^{9}$	—	$2,39 \cdot 10^4$	$3,22 \cdot 10^{-12}$	2,06

Im Sinne der Theorie von Richardson läßt sich nach Gleichung (1′) aus A die Anzahl der Leitungselektronen pro Kubikzentimeter des Metalles, aus B die Austrittsarbeit für ein Elektron oder die an der Oberfläche zu überwindende Potentialdifferenz entnehmen. Wir verfahren dazu wie folgt. Es ist

$$\sqrt{\frac{R'}{2\,m\,\pi}} = \sqrt{\frac{R' \cdot N \cdot e}{2\,\pi \cdot N \cdot em}} = \sqrt{\frac{R}{2\,\pi} \cdot \frac{e}{m} \cdot \frac{1}{F}}$$

$$= \sqrt{\frac{0,8316 \cdot 10^8 \cdot 1,763 \cdot 10^7}{2 \cdot 3,142 \cdot 9647}} = 1,55 \cdot 10^5$$

(R' und e sind Gaskonstante und Ladung pro Elektron, R und F dieselben Größen pro Mol, siehe S. 6). Hiermit wird der Koeffizient A

$$A = 1,55 \cdot 10^5 \cdot e \cdot n,$$

und wenn die Ströme in elektrostatischen Einheiten gemessen waren, so ist $e = 4,69 \cdot 10^{-10}$ zu nehmen, und man erhält

$$A = 7,3 \cdot 10^{-5}\,n.$$

Die Berechnung von n hat nur dann Sinn, wenn n wirklich nicht als Temperaturfunktion anzunehmen ist, also wohl höchstens in Annäherung bei den reinen Metallen, nicht bei den Oxyden, wie im folgenden Kapitel zu zeigen sein wird. Einige hiernach berechnete Werte von n siehe in Tabelle I.

Den Exponenten $B = \dfrac{\Phi}{R'}$ verwandeln wir so:

$$\frac{\Phi}{R'} = \frac{\Phi N}{R'N} = \frac{\varphi e \cdot N}{R} = \varphi \frac{F}{R} = 1,16 \cdot 10^{-4} \cdot \varphi,$$

wo jetzt φ in elektromagnetischen CGS-Einheiten (à 10^{-8} Volt) gerechnet ist. Dieselbe Größe in Volt ist in der letzten Spalte der Tabelle auf S. 12 aufgeführt, die Austrittsarbeit Φ eines Elektrons in der vorletzten. Die Differenzen der φ sollten nach der Bedeutung dieser Größe gleich sein den Kontaktpotentialdifferenzen der Metalle. Es ist bemerkenswert, daß ihre Größenordnung, (1 Volt) diese Konsequenz nicht ausschließt. Es ist daraus ersichtlich, daß auch B prinzipiell nicht unabhängig von der Temperatur sein kann, denn die Temperatur wirkt ja auf die Kontaktpotentialdifferenz unter Erzeugung der thermoelektrischen Kraft.

Auf einem anderen Wege, wesentlich auf thermodynamischer Grundlage, hat H. A. Wilson[1]) die Formel (1″) abgeleitet, indem er die Elektronenemission direkt als einen Verdampfungsprozeß ansah. Wir werden auf diese Betrachtungsweise im 3. Kapitel zurückkommen. Richardson hat weiter seine Darstellung der Erscheinung noch durch einige Beobachtungen über die Eigengeschwindigkeit der auftretenden Elektronen vervollkommnet. Er zeigte nämlich, daß, wenn kein äußeres angelegtes Feld vorhanden ist, der Austritt der Elektronen unregelmäßig nach allen Richtungen erfolgt und daß ihre mittlere kinetische Energie und auch ihre Geschwindigkeitsverteilung dieselbe ist, wie bei den Molekülen eines idealen Gases von gleicher Temperatur. Wenn nun ein Gleichgewichtszustand zwischen Metall und Außenraum in bezug auf die Elektronenkonzentration möglich ist, und wenn man annehmen könnte, daß die im Sättigungsstrom pro Sekunde austretende Elektronenzahl gleich ist der beim dynamischen Gleichgewicht in jeder der beiden Richtungen durch die Metalloberfläche bewegten Elektronenzahl, so folgen die von Richardson beobachteten Beziehungen notwendig aus der Gastheorie: Sind nämlich zwei Gasvolumina durch einen Raum verbunden, in welchem eine äußere Kraft auf die Moleküle wirkt (etwa zwei in verschiedener Höhe befindliche Rezipienten mit Rohrverbindung), so unterscheidet sich der Zustand in beiden lediglich durch die Zahl der Moleküle in der Volumeinheit, nicht durch ihre Energie und Geschwindigkeitsverteilung. Da nun nach der Drudeschen Annahme (S. 6) im Metall die Maxwellsche Verteilung besteht, so muß sie mit denselben Koeffizienten (bis auf n) im Gleichgewichtszustand auch im Außenraum vorhanden

---

[1]) Vgl. Jahrb. d. Radioaktivität 1, 302 (1904).

sein. Für einen Hohlraum im erhitzten Metall wird diese Folgerung jedenfalls gelten.

Wir können aber auch ohne diese Voraussetzung des Gleichgewichts die Geschwindigkeitsverteilung nach dem Austritt aus dem Metall berechnen, wenn wir berücksichtigen, daß die Geschwindigkeitskomponenten U und u vor und nach dem Austritt in der Beziehung stehen:

$$(2) \ \ldots \ldots \ldots \ U^2 = u^2 + \frac{2\,\Phi}{m}$$

also $U\,dU = u\,du$. Mit U traf auf die Oberfläche die Zahl

$$(3) \ \ldots \ldots \ldots \ nU\left(\frac{m}{2\,R'\pi\,T}\right)^{\frac{1}{2}} e^{-\frac{m\,U^2}{2\,R'T}}\,dU,$$

dieselbe Zahl hat nach dem Durchtritt u; wir schreiben sie unter Einsetzung von (2):

$$(4) \ \ldots \ldots \ nu\left(\frac{m}{2\,R'\pi\,T}\right)^{\frac{1}{2}} e^{-\frac{m\,u^2}{2\,R'T}-\frac{\Phi}{R'T}}\,du.$$

Wenn wir nun (3) durch die Gesamtzahl der auftreffenden, also

$$n\int_{0}^{\infty} U\left(\frac{m}{2\,R'\pi\,T}\right)^{\frac{1}{2}} e^{-\frac{m\,U^2}{2\,R'T}}\,dU$$

dividieren, so erhalten wir:

$$\frac{U\,m}{R'T}\,e^{-\frac{m\,U^2}{2\,R'T}}\,dU$$

und dieselbe Funktion in u folgt, wenn wir (4) durch die Gesamtzahl der austretenden, also (1), S. 11, dividieren. Als Bruchteil der Gesamtzahl der auf die Metalloberfläche auftreffenden oder von ihr ausgehenden Elektronen ergibt sich also für eine bestimmte Geschwindigkeit im Metall und außen der gleiche Wert; die Maxwellsche Verteilung regeneriert sich also bei dem Durchtritt von selbst. Die Beobachtungen von Richardson im Außenraum lassen also auf eine Maxwellsche Verteilung auch im Innern des Metalls zurückschließen.

Erstes Kapitel

Die Elektrizitätsleitung in Metallen.

Allgemeines.

Für die Leitung des elektrischen Stromes in Metallen ist in weitestem Umfange das Ohmsche Gesetz gültig, d. h. das Verhältnis von Spannung und Strom im Gesamtstromkreis oder das von Spannungsgefälle und Stromdichte an jeder Stelle erweist sich als unabhängig vom Absolutwert jeder dieser Größen. Außer durch die tägliche Erfahrung ist dieser Satz durch gelegentliche Versuche bestätigt worden.

So konnte Lecher einen Silberdraht von 0,03 qmm Querschnitt unter Kühlung mit bis zu 10 Ampère belasten, ohne eine merkliche Veränderung des Widerstands zu finden; Baedeker konnte an dünne Schichten metallisch leitenden Kupferoxyds Spannungsgefälle bis zu 100 Volt/cm bringen ohne Widerstandsänderungen. Freilich sind solche Versuche immer durch die unvermeidlichen Wärmewirkungen getrübt.

Der spezifische Widerstand b eines Metalls, der aus Gesamtwiderstand, Länge und Querschnitt des Leiters nach der Formel $\sigma = w \frac{q}{l}$ hervorgeht, aber auch direkt als der Quotient aus Spannungsgefälle und Stromdichte angesehen werden kann, ist demnach eine Materialkonstante und als solche nur von Temperatur, Druck und anderen Zustandsvariabeln abhängig.

Nach verschiedenen Beobachtern scheint es, daß das Gesetz $\sigma = w \frac{q}{l}$ für sehr kleine Querschnitte einer Einschränkung unterliegt.

Bei Untersuchung der Elektrizitätsleitung in sehr dünnen Metallschichten, wie sie durch Kathodenzerstäubung oder auf chemischem Wege erhalten werden, fand sich nämlich, daß der spezifische Widerstand unterhalb einer Dicke von etwa 50 bis 100 $\mu\mu$ zu wachsen beginnt, um für ganz kleine Dicken (10 $\mu\mu$) sehr hohe Werte zu erreichen.

Patterson[1]) fand dies Resultat für Platin und Silber, deren Dicken er allerdings nur aus der Dauer der Zerstäubungsoperation schätzte, und Baedeker für CuS-Schichten, die durch Zerstäubung von Kupfer und nachherige Schwefelung erzeugt waren; das Resultat des letzteren ist in Fig. 1 wiedergegeben. Zwar ist die

Fig. 1.

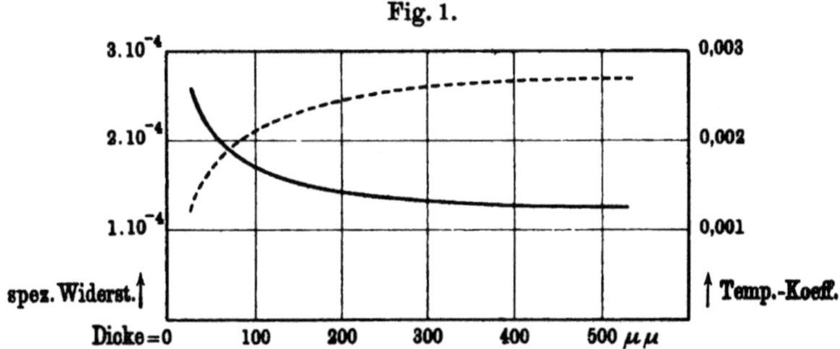

Struktur der Metalle in diesen Schichten nicht dieselbe, wie im kompakten Zustand, da der spezifische Widerstand mit zunehmender Dicke nicht gegen den den kompakten Metallen zukommenden Wert konvergiert, sondern größer bleibt. Doch sind Diskontinuitäten der Struktur wohl nicht als hinreichender Grund für die besprochene Erscheinung anzusehen; denn es zeigt sich, daß auch der Temperaturkoeffizient des spezifischen Widerstands in dünnen Schichten erheblich verändert ist. Er ist nämlich kleiner als für kompakte Metalle und kann sogar negativ werden. Fig. 1 enthält ihn für CuS in der gestrichelten Linie.

Elektronentheorie der Leitung.

Im Sinne der Elektronentheorie kommt der elektrische Strom in einem Metall dadurch zustande, daß der frei bewegliche Anteil der Elektronen dem elektrischen Felde folgt, soweit es die Zusammenstöße mit den Metallatomen zulassen.

---

[1]) Phil. Mag. (6) **4**, 652 (1902).

Wir berechnen die Leitfähigkeit zunächst unter Zugrundelegung folgender vereinfachender Annahmen: Es gibt nur eine Gattung frei beweglicher Elektronen, deren Ladung e ist. Von den Unterschieden der Geschwindigkeit der Wärmebewegung infolge der Maxwellschen Verteilung und von der möglichen Ungleichheit der freien Weglänge wird abgesehen, und es wird gleich eine durchschnittliche Geschwindigkeit v, die durch $\frac{1}{2} m v^2 = \alpha T$ gegeben ist, und eine mittlere freie Weglänge l eingeführt.

Auf ein Elektron wirkt während der kurzen Zeit $t = \dfrac{l}{v}$, die zwischen zwei Zusammenstößen verfließt, die elektrische Feldstärke X, die den Strom unterhält. Die dadurch bewirkte Beschleunigung $\dfrac{Xe}{m}$ ergibt in der Zeit t einen Geschwindigkeitszuwachs in der Feldrichtung von

$$\frac{Xe}{m} t = \frac{Xe}{m} \frac{l}{v}.$$

Im Mittel ist dann während des freien Weges seine Geschwindigkeit in der X-Richtung um $c = \dfrac{1}{2} \dfrac{Xe}{m} \dfrac{l}{v}$ gesteigert. Wir nehmen an, daß diese mittlere geordnete Bewegung klein ist gegenüber der Wärmebewegung, und daß die Zusammenstöße mit den Metallatomen den alten ungeordneten Zustand jedesmal sofort wieder herstellen.

Da nun jedes der n Elektronen eines Kubikzentimeters in gleicher Weise an dem Vorgang beteiligt ist, so bewegt sich eine Ladung ne mit der Geschwindigkeit c durch jedes Quadratzentimeter des Leiterquerschnitts, d. h. es entsteht eine Stromdichte

$$j = ne \cdot \frac{1}{2} \frac{e}{m} \frac{l}{v} X.$$

Die elektrische Leitfähigkeit, als Stromdichte bei der elektrischen Kraft 1, erhalten wir daraus als

$$\varkappa = \frac{1}{2} \frac{n e^2 l}{m v},$$

und dies läßt sich unter Berücksichtigung der S. 7 gegebenen Beziehung

$$\frac{1}{2} m v^2 = \alpha T$$

auch schreiben:

$$(1) \ \ldots \ldots \ldots \ \varkappa = \frac{n e^2 v l}{4 \alpha T}.$$

In der Lorentzschen Darstellung wird der elektrische Strom in der auf S. 9 angegebenen Weise aus der Verteilungsfunktion der Geschwindigkeiten erhalten. Das dabei entstehende Integral ist von Lorentz allgemein ausgewertet worden; für den besonderen Fall des gleichtemperierten Leiters findet sich unter Einführung der in Formel (1) benutzten Größen:

$$\varkappa = \sqrt{\frac{2}{3\pi}} \, \frac{e^2 v}{\alpha T} \, n \, l,$$

$$(2) \ \vdots \ \ldots \ldots \ n l = 0{,}46066 \cdot \frac{e^2 v}{\alpha T}.$$

Eine direkte Prüfung an der Erfahrung lassen die Formeln (1) und (2) noch nicht zu, da sie die unbekannten Größen n und l enthalten. Nur kann man versuchen, auf Grund der Richardsonschen Daten für n (S. 12) zu einer Schätzung der mittleren freien Weglänge zu kommen. Nach Formel (1) ist

$$l = \frac{4 \cdot \varkappa \cdot \alpha \cdot T}{n \cdot e^2 \cdot v}.$$

Für Pt gibt Richardson $n = 5{,}1 \cdot 10^{21}$, ferner ist hier $\varkappa = 9{,}9 \cdot 10^{-5}$ CGS bei $0°$ C. Damit wird, wenn die übrigen Größen wie S. 12 gewählt werden:

$$l = \frac{4 \cdot 9{,}9 \cdot 10^{-5} \cdot 2{,}02 \cdot 10^{-16} \cdot 273}{5{,}1 \cdot 10^{21} \cdot 1{,}565^2 \cdot 10^{-40} \cdot 1{,}11 \cdot 10^7},$$

$$= 1{,}57 \cdot 10^{-6} \text{ cm} \quad \text{oder } 15{,}7 \, \mu\mu.$$

Für Luft bei $0°$ berechnet sich nach der kinetischen Gastheorie aus dem Reibungskoeffizienten der Wert $96 \, \mu\mu$ als mittlere freie Weglänge.

Die Messung der Leitfähigkeit.

Die Messung einer elektrischen Leitfähigkeit setzt sich zusammen aus einer Widerstandsmessung und der Bestimmung der Dimensionen des Leiters. Für beides sind in der Physik einfache und bequeme Methoden so bekannt, daß deren Beschreibung hier übergangen werden kann. Es sei nur daran erinnert, daß wenigstens für die guten Leiter, z. B. reine Metalle, bei handlicher Größe des untersuchten Objektes der zu messende Widerstand sehr klein wird (bis zu 10^{-5} Ohm herab). Für die Messung kommt dann nur eine Reihe ausdrücklich hierfür ausgebildeter Methoden in Frage, bei denen insbesondere Übergangs- oder Zuleitungswiderstände keine Rolle spielen [1]).

Für eine große Anzahl schlechterer Leiter, z. B. alle Metallverbindungen, liegt die Schwierigkeit der Messung des Leitvermögens nur darin, daß sich Präparate ausreichender Größe, die homogen und frei von Sprüngen sind, nicht beschaffen lassen. Schmelzung lassen die meisten Verbindungen nicht zu, ohne sich zu zersetzen; die Verwendung von gepreßten Pulvern gibt, wie die Erfahrung an Metallen zeigt, viel zu hohe Widerstände. Es bleiben also in der Regel nur die Kristalle von leitenden Verbindungen, die die Natur in beschränktem Maße liefert. In einigen Fällen ist auch die Herstellung kohärenter Schichten der Verbindung dadurch gelungen, daß durch Kathodenzerstäubung hergestellte Metallspiegel nachträglich durch Oxydieren, Schwefeln usw. in die gewünschte Verbindung übergeführt wurden. Die Kenntnis dieser Leiter, die durch ihr viel unterschiedlicheres Verhalten im Vergleich zu den reinen Metallen von Wichtigkeit ist, ist noch sehr im Rückstand.

Beobachtungsergebnisse über das elektrische Leitvermögen.

Je nach der Art der bei der Messung des Widerstandes und der Dimensionen des Leiters gebrauchten Einheiten sind für den spezifischen Widerstand verschiedene Maßsysteme in Anwendung gekommen. Wir wollen im folgenden konsequent unter spezifischem Widerstand σ eines Leiters den in Ohm gemessenen Widerstand eines Würfels von 1 cm Kantenlänge verstehen, unter spezifischem Leitvermögen $\varkappa$ das Reziproke dieses Wertes. Um von diesem Werte auf den für die theoretische Behandlung wichtigeren Ausdruck in absoluten elektromagnetischen Einheiten überzugehen, hat man σ mit 10^9, also $\varkappa$ mit 10^{-9} zu multiplizieren.

In der Technik wird häufig der Widerstand eines Drahtes von 1 m Länge und 1 qmm Querschnitt als spezifischer Widerstand

---

[1]) Siehe z. B. Kohlrauschs Lehrbuch: Ziffer 91, II und 93, II.

bezeichnet. In diesem Maße gemessene Widerstände werden durch Multiplikation mit 10^{-4} auf Ohm für den Zentimeterwürfel reduziert. — Um schließlich von dem in älteren Arbeiten öfter gebrauchten Maße, wo das Quecksilber die Einheit bildet, auf unser Maß überzugehen, berücksichtigt man, daß σ für Quecksilber den Wert $0{,}9407 \cdot 10^{-4}$ hat. Auf Quecksilber bezogene spezifische Widerstandsmessungen sind also noch mit dieser Zahl zu multiplizieren, um auf Ohm und Zentimeter zu kommen.

Zur Übersicht über die Größenordnungen des spezifischen Widerstandes der verschieden metallisch leitenden Stoffe diene zunächst die folgende Tabelle.

Kleinster bisher beobachteter Widerstand:

  Silber bei $-259{,}22^0$ C . . . . $1{,}04 \cdot 10^{-8}$ Ohm/cm

Reine Metalle bei Zimmertemperatur:

  Zwischen Silber . . . . $1{,}6 \cdot 10^{-6}$

  und Wismut . . . . $1{,}2 \cdot 10^{-4}$

Legierungen für Widerstände . . . . . . $0{,}2 - 0{,}5 \cdot 10^{-4}$

Metallverbindungen (soweit nicht als Legie-

  rungen zu rechnen) von . . . . . . $1{,}2 \cdot 10^{-4}$

  aufwärts.

Kohle, kleinster Wert, als Graphit . . . . $2{,}8 \cdot 10^{-8}$

Schwefelsäure, bestleitend, 30 Proz. . . . . $1{,}35$

Über die Leitfähigkeit der Elemente soll zunächst Tabelle II Auskunft geben. Als Anordnung ist die Form des periodischen Systems gewählt worden, welche einerseits den Zusammenhang des Leitvermögens mit der chemischen Natur des Elements, soweit eine solche überhaupt erkennbar, am einfachsten hervortreten läßt, andererseits die noch vorhandenen Lücken deutlich zeigt. Die angeführten Werte beziehen sich auf möglichst reine und weiche Metalle. Alle neueren Arbeiten haben ergeben, daß schon sehr geringe Verunreinigungen die Leitfähigkeit eines Metalls sehr stark herabdrücken können; bei der Behandlung der Legierungen wird hierauf noch näher eingegangen werden. Ebenso setzt Härtung das Leitvermögen der Metalle herab; so ist gefunden worden, daß im gehärteten Zustand Gold um 1,7 Proz., Kupfer um 2,5 Proz., Silber um 6,5 Proz. schlechter leiteten. Bei Stahl, wo allerdings mit der Härtung chemische Veränderungen ver-

Tabelle II. Elektrische Leitfähigkeit der Elemente bei 0° (rezipr. Ohm . cm $\times 10^{-4}$).

0	I	II	III	IV	V	VI	VII	VIII	VIII	VIII
He 0	Li 11,9	Be	B	C 0,034[1]	N 0	O 0	F 0			
Ne 0	Na 21,1	Mg 24,0	Al 37	Si	P	S 0	Cl 0			
Ar 0	K 15,0	Ca 9,5 (?)	Sc	Ti 0,28	V	Cr	Mn	Fe 11,5	Ni 14,4	Co 11
	Cu 64	Zn 17,5	Ga 1,9	Ge	As 2,86	Se	Br 0			
Kr 0	Rb 7,8	Sr 4,0	Y	Zr	Nb 5,4	Mo		Ru	Rh 18	Pd 10,0
	Ag 67	Cd 14,6	Jn 11,9	Sn 9,8	Sb 2,6	Te	J			
Xe 0	Cs 5,2	Ba	La	Ce usw.	Ta 6,8	W		Os 10	Jr 20	Pt 9,9
	Au 46	Hg 4,5[2]	Tl 5,6	Pb 5,1	Bi 0,90					
		Ra		Th		U				

[1]) Graphit. — [2]) Fest, bei — 40°.

bunden sind [1]), ist im weichen Zustande die Leitfähigkeit sogar bis dreimal so groß. Als besonders unsicher (auf etwa 10 Proz.) müssen, nach den Unterschieden der vorhandenen Bestimmungen, die Werte für die stark kristallisierenden (Bi, Sb) und die magnetisierbaren Metalle (Fe, Ni, Co) gelten. Aber auch bei den übrigen leicht rein und weich herzustellenden Metallen kann keine Zahl eine Sicherheit von mehr als bis auf 2 Proz. beanspruchen.

Bei Betrachtung der in der Tabelle gegebenen Werte wird man erkennen, daß im großen und ganzen das Leitvermögen zum Teil bestimmt wird durch die elektrochemische Stellung des Metalls, daß aber innerhalb der Gruppen keine deutliche Abhängigkeit vom Atomgewicht besteht. So haben unter den Elementen mit niedrigem Atomgewicht die Alkalimetalle die beste Leitung, während in den Gruppen das Maximum der Leitfähigkeit unregelmäßig bald bei höheren bald bei kleineren Atomgewichten auftritt. Die Leitung der eigentlichen Metalle im chemischen Sinne ist in verhältnismäßig sehr engen Grenzen eingeschlossen, zwischen $0,9 \cdot 10^4$ für Wismut und $67 \cdot 10^4$ für Silber.

Eine Anzahl Elemente, nur Metalloide und diesen nahestehende Metalle, tritt in mehreren Modifikationen auf; mehr als eine gutleitende Modifikation eines Elements scheint darunter noch nicht festgestellt zu sein, dagegen existieren von den Elementen C, Si, P, As, Sb, Se zum Teil mehrere leitende und nichtleitende Modifikationen. (Hierzu siehe S. 35.)

Bei den leitenden Verbindungen steht vorläufig das Verhalten bei verschiedenen Temperaturen im Vordergrunde des Interesses, das im folgenden Abschnitt behandelt werden wird. Es sollen daher in Tabelle III vorläufig nur einige Übersichtswerte gegeben werden, die als einigermaßen zuverlässig gelten können. Man sieht, daß die bestleitenden Verbindungen sich nach der Größe ihres Leitvermögens unmittelbar den Metallen anschließen, wobei zu bemerken ist, daß in der Tabelle solche Verbindungen, die als Legierungen gelten müssen, ausgeschlossen sind. Weiterhin finden sich unter den Verbindungen Leitvermögen aller Größenordnungen, bis zu den Isolatoren hin. Die Angaben über sehr hohe spezifische Widerstände sind vorläufig ziemlich unzuverlässig. Daher haben die für Quarz und Steinsalz angegebenen Zahlen nur den Wert

---

[1]) Vgl. S. 42.

Tabelle III. Elektrizitätsleitung einiger Metallverbindungen bei 0^0 (in Ohm und cm).

	σ_0	$\varkappa_0$
Cu S	$1{,}18 \cdot 10^{-4}$	$0{,}85 \cdot 10^4$
PbO_2	$2{,}3 \cdot 10^{-4}$	$0{,}43 \cdot 10^4$
Cd O	$12 \cdot 10^{-4}$	$0{,}083 \cdot 10^4$
PbS (Bleiglanz)	$24 \cdot 10^{-4}$	$0{,}042 \cdot 10^4$
FeS (Magnetkies):		
$\perp$ c-Achse	$4{,}5 \cdot 10^{-4}$	$0{,}22 \cdot 10^4$
$\parallel$ c-Achse	$5{,}5 \cdot 10^{-4}$	$0{,}18 \cdot 10^4$
Fe_3O_4 (Magnetit)	$86 \cdot 10^{-4}$	$0{,}0116 \cdot 10^4$
FeS_2, Pyrit	$240 \cdot 10^{-4}$	$0{,}0042 \cdot 10^4$
FeS_2, Markasit	$16{,}6$	$0{,}060$
Fe_2O_3, Eisenglanz:		
$\perp$-Achse	$0{,}431$	$2{,}8$
$\parallel$-Achse	$0{,}876$	$1{,}14$
Cu_2O	40	$0{,}025$
Quarz	—	10^{-14}
Steinsalz	—	10^{-17}

von Schätzungen. Außerdem ist es wohl noch keineswegs sicher, ob die Leitung in diesen Körpern, wie neuerdings zum Teil angenommen wird, als metallisch anzusehen ist.

Eine besondere Klasse von Leitern, wahrscheinlich metallischer Natur, bilden die von Baedeker zuerst beobachteten Körper, welche entstehen, wenn freies Jod auf festes Kupferjodür oder Silberjodid, wohl auch auf andere Körper, einwirkt. Bei Kupferjodür, CuJ, sind die Verhältnisse bis jetzt am genauesten untersucht. Dieser Körper ist im reinen Zustand[1] ein sehr schlechter Elektrizitätsleiter, wie sich auch nach seiner geringen Lichtabsorption vermuten läßt. Bringt man ihn aber in einen Joddampf enthaltenden Raum, so nimmt er merkliche Mengen Jod auf — bei 18^0 3,3 mg aufs Gramm — und wird dabei zu einem recht guten Elektrizitätsleiter. Gleichzeitig nimmt er eine dunkle, bräunliche Färbung an. Dünne Schichten von Kupferjodür, durch Kathodenzerstäubung von Kupfer und darauffolgendes

---

[1] Nur im Dunkeln! Siehe G. Rudert, Ann. d. Phys. (4) **31**, 559 (1910).

Jodieren hergestellt, wiesen beispielsweise folgendes Leitvermögen auf:

$$\text{Bei } 18^0 \text{ mit Jod gesättigt } \ldots \ldots \varkappa = 93,$$
$$\text{„ } 70^0 \text{ „ „ „ } \ldots \ldots \varkappa = 202,$$

letztere Zahl etwa dem Durchschnittswert für Gaskohle gleichkommend. Da die Leitung auch bei starken Stromdichten keinerlei Polarisationserscheinungen zeigt, muß sie vorläufig als metallisch angesehen werden. Es ist bemerkenswert, daß sich die Größe des Leitvermögens durch Variation des Jodgehalts im CuJ in weitgehendem Maße abstufen läßt. Durch Eintauchen der Präparate in Jodlösungen verschiedener Konzentration läßt sich dies verhältnismäßig leicht erreichen. Das Experiment zeigt, daß schon äußerst verdünnte Jodlösungen ($10^{-5}g$ pro Liter) ein sehr merkliches Leitvermögen hervorbringen, daß dieses aber nur sehr langsam mit der Konzentration steigt, etwa mit deren vierter bis sechster Wurzel. Baedeker macht zur Erklärung der Erscheinung die Annahme, daß jedes in CuJ gelöste Jodmolekül direkt Elektronen abspalte, und wendet auf diesen Vorgang das Massenwirkungsgesetz an. Im Sinne der Elektronentheorie kann man dann weiter das Leitvermögen proportional der Elektronenzahl setzen und so die der Änderung der Jodkonzentration entsprechende relative Änderung der Elektronenzahl finden. Durch Einsetzen der beobachteten Zahlen in das Massenwirkungsgesetz ergibt sich dann, daß ein Jodmolekül bei der Dissoziation drei bis fünf Elektronen abspalten würde.

Ob das Jod auch in der Weise an der Leitung teilnimmt, daß es selbst wandert, läßt sich noch nicht sagen. — Beim Silberjodid sind die entsprechenden Erscheinungen viel weniger augenfällig und wegen der stärkeren Zersetzlichkeit dieses Körpers schwerer zu beobachten.

Wirkung der Temperatur auf die Elektrizitätsleitung der reinen Metalle.

Die Formeln, die die Elektronentheorien für das Leitvermögen metallischer Leiter liefern, können nichts Bestimmtes über die Einwirkung der Temperatur lehren, da sie alle die Elektronenkonzentration n und die mittlere freie Weglänge l als Faktoren enthalten, welche a priori unbekannte Funktionen der Temperatur sind. n wird nach Maßgabe der Wirkung der Temperatur auf den Vorgang der Dissoziation bestimmt. Für l ist dadurch eine Abhängigkeit von der Temperatur zu erwarten, daß die Größe der beim Zusammenstoß hervorgerufenen Ablenkung eines Elektrons eine Funktion seiner Geschwindigkeit sein muß, und daß auch die ablenkende Kraft des Metallatoms, wenn sie zum Teil magnetischer Natur ist, Funktion der Elektronengeschwindigkeit sein kann, nach Analogie der Kathodenstrahlen.

Die Beobachtung des Verhaltens der Leiter bei verschiedener Temperatur hat nun bei den reinen Metallen schon vor längerer Zeit (Clausius 1858) ein überraschendes und merkwürdig einfaches Resultat ergeben, das sich in dem Satz aussprechen läßt: Der spezifische Widerstand sämtlicher reinen Metalle steigt in weitestem Temperaturbereich sehr nahe linear mit der Temperatur an; sein Temperaturkoeffizient

$$\alpha = \frac{1}{\sigma_0} \frac{d\sigma}{dT}$$

ist nahe gleich dem Ausdehnungskoeffizienten der idealen Gase, also 0,00 367.

Eine Prüfung dieses Satzes in weitem Temperaturbereich bei zuverlässiger Temperaturmessung und mit sehr reinen Materialien ist erst durch die technischen Fortschritte der letzten Jahre möglich geworden. Die neueren Untersuchungen darüber bestätigen den Satz alle, haben aber im speziellen folgende Einschränkungen dazu ergeben:

1. Auch bei den reinsten Metallen ist der Temperaturkoeffizient des Widerstandes nicht ganz gleich; es kommen sogar Überschneidungen der Widerstandskurven vor. Verunreinigungen drücken α sehr stark herab.

2. Der Wert von α in der Umgebung von 18° ist im allgemeinen höher als der Ausdehnungskoeffizient der Gase. Er liegt zwischen 0,0036 und 0,0048. Bedeutend größer ist er noch für die magnetisierbaren Metalle Fe und Ni, die überhaupt eine Sonderstellung einnehmen (siehe S. 36).

3. Zur genauen Darstellung des Verlaufs des spezifischen Widerstandes in einem größeren Temperaturintervall ist eine lineare Funktion nicht ausreichend. In einer Funktion

$$\sigma = \sigma_0 \left(1 + \alpha\tau + \beta\tau^2\right)$$

hat β für die meisten Metalle die Größenordnung 10^{-6} und ist positiv, mit Ausnahme von einigen Metallen der Platingruppe, wo also mit steigender Temperatur der Widerstand allmählich weniger zunimmt.

4. Während von der höchsten Temperatur bis zur Temperatur der flüssigen Luft herab das Verhalten der Metalle genügend durch diese Angaben festgelegt ist, treten bei den allerniedrigsten jetzt zugänglichen Temperaturen erhebliche Abweichungen davon ein, die gleich gesondert beschrieben werden sollen.

Das große Zahlenmaterial, auf Grund dessen von verschiedenen Autoren die unter 1. bis 3. gemachten Angaben festgestellt worden sind, kann hier unter Verweis auf die in der Literatur schon vorhandenen Zusammenstellungen [1]) übergangen werden.

Einen erheblichen Fortschritt auf diesem Gebiete brachten dann die im Kältelaboratorium von H. Kamerlingh-Onnes in Leiden durch B. Meilink und besonders durch J. Clay [2]) ausgeführten Messungen, bei denen einmal das Temperaturgebiet bis zu —259° oder 14° absolut ausgedehnt worden ist und die wohl auch in der Zuverlässigkeit der Temperaturmessung und der Reinheit der untersuchten Stoffe am weitesten gekommen sind. J. Clay fand bei ganz reinem Blei, Gold, Silber, Platin, daß bei hinreichend niedriger Temperatur der Temperaturkoeffizient des spezifischen Widerstandes anfängt kleiner zu werden und daß er schließlich unter den Ausdehnungskoeffizienten der idealen Gase sinkt, so daß es den Anschein hat, daß er schließlich zu Null werden müßte. Dieser Punkt, bei dem also der spezifische Widerstand seinen Minimalwert hätte, ist freilich noch in keinem Falle erreicht worden. Reines festes Quecksilber scheint die für die genannten Metalle bezeichneten Phasen erst bei noch niedrigeren, noch nicht erreichbaren Temperaturen zu durchlaufen, und Wismut

---

[1]) L. Graetz in Winkelmanns Handbuch der Physik, 2. Aufl., Bd. 4, S. 347 ff. Mahlke in Landolt und Börnsteins Tabellen, 3. Aufl., S. 725 ff. Seitdem sind Messungen über das Leitvermögen von Metallen bei verschiedenen Temperaturen ausgeführt worden von G. Niccolai, Phys. Ztschr. **9**, 367 (1908), dessen Temperaturbestimmungen wohl nicht hinreichend genau sind, und von Ch. H. Lees, Trans. Roy. Soc. A. **204**, 381 (1908), der hauptsächlich das Verhältnis zur Wärmeleitung feststellt (siehe auch S. 48); vgl. auch F. Streintz, Ann. d. Phys. (4) **33**, 486 (1910). — [2]) J. Clay, Diss. Leiden 1908.

zeigt ein noch komplizierteres Verhalten. Goldproben, die kleine Verunreinigungen enthielten, zeigten qualitativ dasselbe Verhalten; Fig. 2 gibt die Resultate von Clay in einer Darstellung, welche

Fig. 2 (nach Clay).

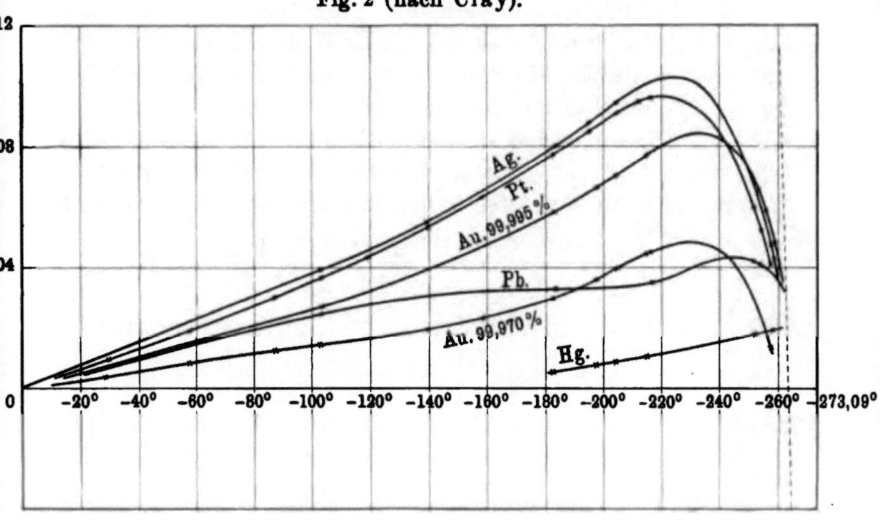

den Vergleich der verschiedenen Metalle erleichtert. Es ist nämlich als Abszisse die Temperatur, als Ordinate die Funktion

$$y = 0{,}00367\,T - \frac{\sigma}{\sigma_0}$$

gewählt. Man übersieht leicht, daß für die Temperatur, bei der y ein Maximum:

$$\frac{dy}{dT} = 0 \quad \text{und} \quad \frac{1}{\sigma_0}\frac{d\sigma}{dT} = 0{,}00367$$

ist und erst für

$$\frac{dy}{dT} = -0{,}00367 \quad \text{und} \quad \frac{1}{\sigma_0}\frac{d\sigma}{dT} = 0,$$

σ ein Minimum sein würde. Die gestrichelte Linie gibt die Neigung an, die die Kurven in diesem zweiten Falle erreichen müßten.

Wenn daher vorläufig der Wert, gegen den der spezifische Widerstand der reinen Metalle beim absoluten Nullpunkt konvergiert, noch fraglich ist, so ist wohl jedenfalls die früher öfters gemachte Annahme, er sei Null, zu verwerfen.

Die Abhängigkeit des Leitvermögens von der Temperatur bei schlechten Leitern.

Ein komplizierteres Verhalten gegenüber der Temperatur zeigen die schlechten Leiter der Elektrizität, die Metalloide und insbesondere die Metallverbindungen. Der Temperaturkoeffizient des spezifischen Widerstandes ist stets kleiner als bei den Metallen, sogar oft negativ, und er variiert stark mit der Temperatur selbst. Als typisches Beispiel des allgemeinsten Falles sei der Verlauf des Widerstandes von Magnetit, Fe_3O_4, mit der Temperatur in Fig. 3 wiedergegeben.

Fig. 3 (nach Koenigsberger).

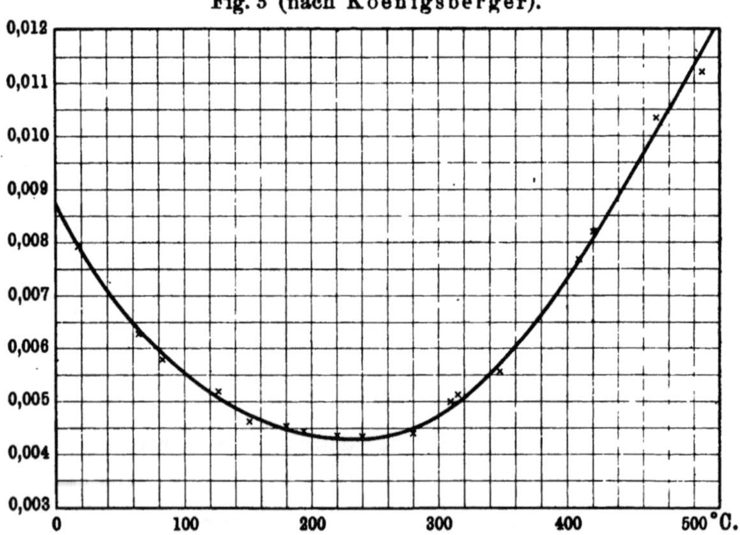

wiedergegeben. Wir sehen, daß der Widerstand sowohl für sehr niedrige wie für sehr hohe Temperaturen stark ansteigt und für eine mittlere Temperatur, hier etwa 220°, ein Minimum hat. Eingehendere Beobachtungen an einer großen Reihe von Substanzen, namentlich von J. Koenigsberger[1]), ergaben, daß dieses Verhalten wahrscheinlich ziemlich allgemein ist, wenngleich öfters das Minimum selbst nicht beobachtbar ist, sondern nur ein dauerndes, aber nicht gleichförmiges Wachsen oder Fallen des Widerstandes mit steigender Temperatur. In den ersteren Fällen (z. B. CuS,

---

[1]) Ann. d. Phys. (4) **32**, 179 (1910).

CdO, PbS) würde das Minimum bei sehr tiefen, in letzteren (z. B. bei Kohle, Silicium, den Kupferoxyden) bei sehr hohen, vorläufig noch nicht erreichten Temperaturen liegen. Beobachtungen über das Verhalten von Körpern, die bei gewöhnlicher Temperatur isolieren, wie der Quarz, und erst bei sehr großer Hitze leitend werden [1]), weisen darauf hin, daß auch diese Körper, zum Teil wenigstens, in die zweite Kategorie gehören.

Koenigsberger hat nun dieses Verhalten im Sinne der Elektronentheorie in folgender Weise zu erklären versucht, die freilich in einigen Punkten noch der Vervollkommnung bedarf. Die Wirkung der Temperatur auf das Leitvermögen, das wir z. B. in der Form schreiben können (S. 17):

$$K = n \cdot \frac{e^2 l \cdot v}{4 \alpha T} \qquad \dots \dots \dots \dots \quad (1)$$

setzt sich — nach Analogie der Elektrolyte — zusammen aus ihrem Einfluß auf die Elektronenzahl n und dem auf den Faktor, welcher die freie Weglänge enthält.

Da die Leitungselektronen nun durch eine Art Dissoziationsprozeß von den Metallatomen abgespalten sind, so werden für diesen Teil der Temperaturwirkung die Dissoziationsgesetze gelten, und zwar liegt, da die freien Elektronen von den unbeweglichen Metallatomen abgetrennt werden, die Analogie der Abspaltung eines Gases aus einem festem Körper nahe. Für solche Prozesse (z. B. den Austritt von Kristallwasser aus festen Salzen) liefert die Thermodynamik für die Tension die Beziehung [2]):

$$p = p_0\, e^{\frac{Q}{R}\left(\frac{1}{T_0} - \frac{1}{T}\right)},$$

worin Q die Dissoziationswärme pro Mol und R die Gaskonstante ist. Setzen wir dem Druck die Molekülzahl pro Kubikzentimeter proportional, so können wir schreiben:

$$n = n_0\, e^{q\left(\frac{1}{T_0} - \frac{1}{T}\right)},$$

und diese Formel stellt in unserem Falle die Elektronenzahl n dar.

Die Wirkung der Temperatur auf den zweiten Faktor der Formel (1) läßt sich a priori nicht absehen, denn über die Weg-

---

[1]) Horton, Phil. Mag. (6) **11**, 505 (1906). — [2]) Im einfachsten Falle, wenn Q konstant gesetzt werden darf.

länge lassen sich keine einigermaßen begründeten Annahmen machen. Man kann aber versuchsweise annehmen, daß bei den reinen gutleitenden Metallen, wie bei einem nahezu vollständig dissoziierten Elektrolyten, die Elektronenzahl n nicht mehr wesentlich durch die Temperatur beeinflußt wird, daß hier also die Wirkung der Temperatur auf den Faktor $\dfrac{e^2 l v}{4 \alpha T}$ allein zum Ausdruck kommt. Diese Wirkung ist bei allen Metallen nach S. 25 nahe die gleiche. Diese empirische Abhängigkeit, wonach

$$\frac{\sigma}{\sigma_0} = 1 + \alpha \tau + \beta \tau^2,$$

wird nun versuchsweise auf sämtliche Leiter übertragen und über die Wirkung der Elektronendissoziation superponiert gedacht. Es resultiert so als allgemeiner Ausdruck für die Abhängigkeit des spezifischen Widerstandes von der Temperatur unter Zusammenziehung der Konstanten:

$$\sigma = \sigma_0 (1 + \alpha \tau + \beta \tau^2)\, e^{\frac{q}{T} - \frac{q}{T_0}},$$

oder ganz in Celsiustemperaturen geschrieben:

$$\sigma = \sigma_0 (1 + \alpha \tau + \beta \tau^2)\, e^{\frac{-q\tau}{(\tau + 273)\,273}}.$$

Dieser Ausdruck hat, wie Koenigsberger an einer Reihe von Beispielen zeigte, die Eigenschaft, das Verhalten der schlechten Leiter in vielen Fällen gut darzustellen. Man erkennt nämlich leicht,

1. daß er für Temperaturen nahe dem absoluten Nullpunkt gegen ∞ konvergiert,

2. daß er für sehr hohe Temperaturen die Form

$$\sigma = const\,(1 + \alpha \tau + \beta \tau^2)$$

annimmt, also ein Ansteigen des Widerstandes mit der Temperatur wie bei den reinen Metallen ausdrückt.

Infolgedessen zeigt er auch das bei den schlechten Leitern beobachtete Widerstandsminimum an. Die zahlenmäßige Prüfung ergab außerdem, daß die Größen α und β den bei reinen Metallen gefundenen Werten nahestehen, wie es die zugrunde gelegte Hypothese verlangt. Eine Anzahl von Resultaten darüber ist in Tabelle IV zusammengestellt.

Tabelle IV.

	σ_0	$\alpha \cdot 10^3$	q	Temperatur d. Widerstandsminimums
Eisenglanz (von Langö) ‖-Achse	0,876	3,87	$+\,1400$	—
Eisenglanz, ⊥-Achse . .	0,431	3,88	1290	—
Eisenglanz, ⊥-Achse (von Ouro Preto)	0,683	3,9	1358	—
Markasit, ‖-b-Achse . .	16,56	2,64	1850	—
Pyrit	0,024	3,85	240	etwa 0^0
Bleiglanz	0,0024	5,24	etwa 60	—
Graphit, ⊥-Achse . . .	0,00294	2,78	350	—
Silicium α	0,094	3,68	800	—
Titan α	0,00036	3,6[1])	200[1])	$+\,150^0$
Magnetkies α, ‖-c-Achse	0,00055	4,75	610	—
Magnetkies α, ⊥-c-Achse	0,00045	—[1])	—[1])	$+\,280^0$
Magnetit α	0,0086	—[1])	—[1])	$+\,220^0$
Ilmenit α, ‖-c-Achse .	etwa 500	5,34	2150	—
Ilmenit β, ‖-c-Achse .	—	5,44	2230	—
Quarz	—	—	etwa 11000	—

Koenigsberger hat auch versucht, diese Theorie noch zu vervollkommnen, indem er die Annahme der Konstanz der Dissoziationswärme fallen ließ, oder indem er Hypothesen über die Abhängigkeit der freien Weglänge von der Temperatur einführte. Hierbei kann naturgemäß die Übereinstimmung mit der Beobachtung noch verbessert werden, doch werden die Resultate minder einfach. Definitive Ergebnisse sind so noch nicht erhalten worden.

Es ist anzunehmen, daß sich auch das Verhalten der reinen Metalle der Theorie fügen wird. Das von der Formel verlangte Widerstandsminimum liegt nämlich ceteris paribus bei um so niedrigeren Temperaturen, je kleiner q ist. Würde man also den reinen Metallen hinreichend kleine q-Werte zuschreiben, so läge ihr Widerstandsminimum bei sehr tiefen, vorläufig noch nicht zugänglichen Temperaturen. Nach den Beobachtungen von Clay (siehe S. 26) ist ja diese Möglichkeit vorläufig noch offen. Auch bei reinen Metallen würde dann aber der spezifische Widerstand

---

[1]) Die Formel trifft hier nicht gut zu.

beim absoluten Nullpunkt nicht, wie früher öfters angenommen wurde, gegen Null, sondern gegen Unendlich konvergieren, eine Ansicht, die übrigens von Lord Kelvin[1]) schon früher ausgesprochen worden ist.

Wirkung des Druckes auf das elektrische Leitvermögen.

Außer der Wirkung der Temperatur auf das elektrische Leitvermögen ist auch die der Spannung, der Torsion, des Druckes und der Magnetisierung untersucht worden. Nur über die beiden letzteren liegen einigermaßen sichere und reproduzierbare Ergebnisse vor. Über die Wirkung des magnetischen Feldes wird im dritten Kapitel gesprochen werden. Die Wirkung des hydrostatischen Druckes auf den spezifischen Widerstand wurde zuerst 1880 von Chwolson festgestellt und seitdem wiederholt gemessen. Setzt man einen Draht hohen Drucken aus und stellt die dadurch hervorgerufene Widerstandsänderung fest, so ist zu berücksichtigen, daß auch die Änderung seiner Dimensionen schon einen Einfluß hat, und zwar zeigt sich, daß, im Gegensatz zur Wirkung der Wärme, diese Nebenwirkung ihrer Größenordnung nach nicht mehr ohne weiteres zu vernachlässigen ist. Aus

$$w = \sigma \frac{l}{q} \quad \text{oder} \quad \log w = \log \sigma + \log l - \log q$$

folgt:

$$\frac{1}{w}\frac{dw}{dp} = \frac{1}{\sigma}\frac{d\sigma}{dp} + \frac{1}{l}\frac{dl}{dp} - \frac{1}{q}\frac{dq}{dp}.$$

Im allgemeinen sollten die Versuche so eingerichtet sein, daß keine Spannungen eintreten, daß also durch den Druck alle Längendimensionen gleichmäßig verkleinert werden, und zwar um ein Drittel der Volumveränderung. Die entgegengesetzte Wirkung der Längen- und Querschnittsänderung ergibt dann zusammen $+\frac{1}{3}\gamma$, wenn γ die positiv gerechnete Kompressibilität ist, und es wird die gesuchte Änderung des spezifischen Widerstandes:

$$\frac{1}{\sigma}\frac{d\sigma}{dp} = \frac{1}{w}\frac{dw}{dp} - \frac{\gamma}{3}.$$

---

[1]) § 30 der Abhandlung „Aepinus Atomized", Phil. Mag. (6) 3, 257 (1902).

Da die Kompressibilitäten öfters nur unsicher bekannt sind, so sind in den folgenden nach Lisells[1] und Williams'[2] gut übereinstimmenden Resultaten gegebenen Zahlen diese Korrektionen weggelassen und die Kompressibilitäten extra angegeben.

Tabelle V.

Änderung des spezifischen Widerstandes durch Druck.

	$\dfrac{\Delta w}{w}$ pro Atm.	$\gamma \cdot 10^6$
Quecksilber	$+\,32{,}6 \cdot 10^{-6}$	3,9
Blei	$+\,14{,}3 \cdot 10^{-6}$	2,4
Aluminium	$+\ \ 3{,}88 \cdot 10^{-6}$	1,4
Silber	$+\ \ 3{,}8 \cdot 10^{-6}$	1,0
Kupfer	$+\ \ 2{,}12 \cdot 10^{-6}$	0,8
Wismut	$-\,19{,}6 \cdot 10^{-6}$	3,0
Platin	$+\ \ 1{,}9 \cdot 10^{-6}$	0,4
Manganin	$-\ \ 2{,}22 \cdot 10^{-6}$	0,8
Konstantan	$+\ \ 0{,}64 \cdot 10^{-6}$	0,6

Bei den meisten Metallen nimmt also durch Druck der Widerstand zu. Der Vorschlag, diese Eigenschaft zur Messung hoher Drucke zu benutzen, ist nur dann praktisch durchführbar, wenn Temperaturveränderungen, etwa durch Kompressionswärme, nicht stören, also z. B. beim Manganin, bei dem der Widerstand mit der Temperatur sehr wenig veränderlich ist. 1000 Atmosphären würden hier immerhin nur 0,2 Proz. ergeben.

Veränderungen des Leitvermögens beim Wechsel des Aggregatzustandes.

Wird durch Temperatursteigerung ein Leiter aus dem festen in den flüssigen Aggregatzustand übergeführt, so ist dieser Übergang stets von einer sprunghaften Änderung des Leitvermögens, meist einer Abnahme, begleitet. Die Größenordnung der Leitfähigkeit und die Reihenfolge der Metalle ändert sich dabei nicht erheblich. Tabelle VI enthält sämtliche darüber bekannten Daten.

---

[1] Dissertation, Upsala 1902. — [2] Phil. Mag. (6) **13**, 635 (1907); wenig übereinstimmend mit beiden sind die Angaben von Lussana, die in Winkelmanns Handbuch, 2. Aufl., IV, S. 360 abgedruckt sind.

Tabelle VI.
Änderung des spezifischen Widerstandes beim Schmelzpunkt[1]).

	Schmelz-punkt	Leitvermögen im flüssigen Zustande beim Schmelz-punkt	$\dfrac{\varkappa_{\text{fest}}}{\varkappa_{\text{flüss.}}}$	Dichte fest/flüss.	Temperaturkoeffizient des spez. Widerstandes	
					im flüss. Zu-stande	im festen Zu-stande
Lithium . . .	177,8°	2,6 . 10⁴	2,51	—	0,00273	0,00253
Natrium . . .	97,6	9,5 . 10⁴	1,34	0,977	0,00383	0,00310
Kalium . . .	62,5	7,7 . 10⁴	1,39	0,977	0,00484	0,00426
Cäsium . . .	26,4	2,54 . 10⁴	—	—	0,0055	—
Zink	419	2,7 . 10⁴	2,0	< 1	—	—
Cadmium . .	321	2,9 . 10⁴	1,96	0,955	—	—
Quecksilber . .	— 38,8	1,10 . 10⁴	4,1	0,965	0,00090	0,0045
Thallium . .	301	1,35 . 10⁴	2,0	—	—	—
Zinn	232	2,1 . 10⁴	2,2	0,958	—	—
Blei	327	1,06 . 10⁴	1,95	0,968	—	—
Antimon . . .	629,5	0,88 . 10⁴	0,70	< 1	—	—
Wismut . . .	269	0,78 . 10⁴	0,46	1,033	0,00037	0,00383

Auch der Temperaturkoeffizient des spezifischen Widerstandes verändert sich unstetig. Er ist bei den flüssigen Metallen im allgemeinen kleiner als der Durchschnittswert bei den festen Metallen (S. 25). Um den festen und flüssigen Zustand hierbei vergleichen zu können, sind beide Temperaturkoeffizienten auf die Werte des spezifischen Widerstandes beim Schmelzpunkt zu beziehen, wie in Tabelle VI geschehen ist.

Über die Leitfähigkeit der Metalle im gasförmigen Zustande ist sehr wenig bekannt. Die Dämpfe der Alkalimetalle scheinen schon bei niedrigen Temperaturen im Gegensatz zu anderen Gasen und Dämpfen gut zu leiten. Quecksilberdampf beim Siedepunkt ist niedrigen Spannungen gegenüber ein Nichtleiter wie Luft[2]).

---

[1]) Angaben aus Landolt und Börnstein, nach den Originalarbeiten zum Teil umgerechnet; neuer: A. Bernini, Phys. Ztschr. 5, 241 u. 406 (1904) und 6, 74 (1905). — [2]) Füchtbauer, Phys. Ztschr. 10, 274 (1909).

Leitfähigkeit bei Modifikationsänderungen.

Die Wirkung einer Modifikationsänderung auf die Elektrizitätsleitung ist bisher nur bei einigen schlechten Leitern untersucht worden. Auch sie ist stets von einem Sprung des Leitvermögens begleitet. Koenigsberger fand bei der Mehrzahl der von ihm untersuchten Leiter eine sprunghafte Veränderung des Leitvermögens bei bestimmten Temperaturen, die auf allotrope Umwandlungen hinwies, allerdings nicht immer reversibel erfolgte.

Fig. 4 (nach Koenigsberger).

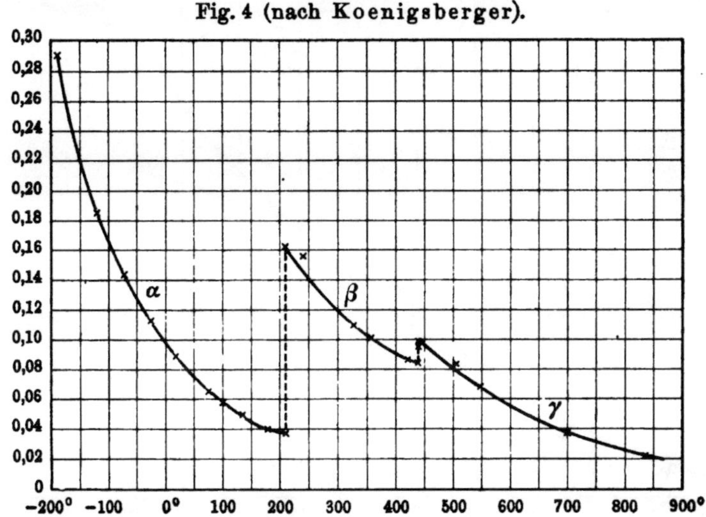

Jeder einzelnen Phase kamen selbständige Werte der Dissoziationswärme Q und der Koeffizienten α und β zu. Die von ihm am Silicium beobachtete Abhängigkeit des Widerstandes von der Temperatur mit den Umwandlungspunkten bei 220 und 440° ist in Fig. 4 wiedergegeben.

Das Schwefelsilber, Ag_2S, zeigt bei seinem bei $+175°$ gelegenen Umwandlungspunkte eine enorme Veränderung des Leitvermögens. Während es unterhalb dieser Temperatur nur unbeträchtlich leitet, ist über dem Umwandlungspunkt der spezifische Widerstand etwa 0,0016, ungefähr gleich dem des Graphits. Nach Baedeker springt dieser Körper bei dem Umwandlungspunkt von elektrolytischer zu metallischer Leitung über. — Die analoge Umwandlung des gut und metallisch leitenden Silberselenids, Ag_2Se (bei 133⁰), bewirkt im Gegensatz dazu eine Verkleinerung des Leitvermögens auf etwa die Hälfte.

Ein besonderes Interesse beanspruchen noch die Veränderungen, die die magnetischen Metalle bei Temperatursteigerung durchmachen. Harrison untersuchte die Widerstandsänderung von Ni und Fe mit der Temperatur und fand den in Fig. 5 dargestellten Verlauf.

Fig. 5.

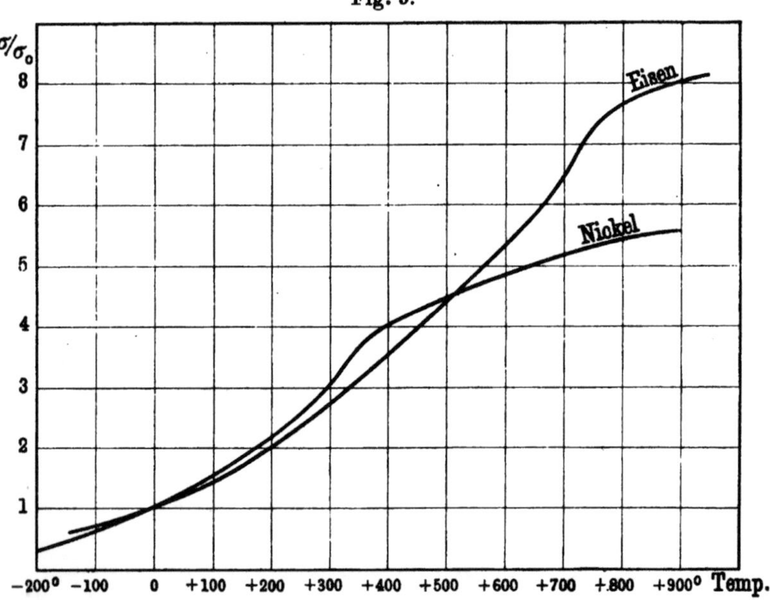

Bei den Temperaturen, bei denen die allmähliche Umwandlung in den unmagnetischen Zustand erfolgt (für Ni etwa 350⁰, für Fe etwa 800⁰), tritt eine starke, aber stetige Verkleinerung des vorher abnorm großen Temperaturkoeffizienten des Widerstandes ein. Das Leitvermögen selbst zeigt keinen Sprung. Entsprechende Veränderungen sind in den thermoelektrischen und galvanomagnetischen Eigenschaften dieser Stoffe zu beobachten (siehe Kap. III und IV).

Die Elektrizitätsleitung in Legierungen.

Das elektrische Leitvermögen der Legierungen ist schon seit langer Zeit öfter zum Gegenstand experimenteller Untersuchungen gemacht worden. Insbesondere hat Matthiessen schon in den Jahren 1857 bis 1863 durch zahlreiche und recht genaue Messungen eine Übersicht über das umfangreiche und komplexe Gebiet zu erreichen versucht. Eine systematische Kenntnis des Gegenstandes war aber naturgemäß nicht zu erreichen, ehe nicht die Frage nach der Konstitution der Legierungen selbst beantwortet war. Dies ist wesentlich erst seit etwa zwanzig Jahren durch die Untersuchung der Schmelz- und Erstarrungskurven der Legierungen (thermische Analyse) und die mikroskopische Untersuchung ihrer Struktur geschehen[1]).

Über die binären, festen Legierungen — über andere ist noch beinahe nichts Näheres bekannt — weiß man danach jetzt, daß folgende Fälle möglich sind:

1. Die beiden Komponenten sind im festen Zustande vollständig unlöslich ineinander. Die Legierung besteht dann aus einem Konglomerat von Kristallen der beiden Bestandteile.

2. Die Komponenten sind im festen Zustande in jedem Verhältnis oder nur teilweise ineinander löslich, d. h. zur Bildung von isomorphen Mischkristallen befähigt. Im ersteren Falle besteht die Legierung für alle Mischungsverhältnisse aus Mischkristallen, die einer einzigen Phase angehören; im zweiten Falle gilt das nur bis zu den Konzentrationen, die der Grenze der Löslichkeit jeder Komponente in der anderen entspricht. Für das Konzentrationsgebiet der Mischungslücke ist die Legierung wieder ein Konglomerat wie unter 1., aber diesmal aus den zwei Sorten Mischkristallen bestehend, die den Grenzkonzentrationen entsprechen.

3. Die beiden Komponenten können eine oder mehrere Verbindungen miteinander eingehen. Die Verbindungen ihrerseits können wieder untereinander und mit den Komponenten ganz oder teilweise mischbar sein. Die Legierung kann in diesem Falle je nach der Konzentration sehr verschiedenartige Bestandteile enthalten.

4. Die selbständigen Bestandteile der Legierung, Komponenten oder Verbindungen, können in verschiedenen Modifikationen

---

[1]) Literatur: z. B. in „Die heterogenen Gleichgewichte" von Bakhuis Roozeboom, I. Teil, 2. Heft. Braunschweig 1904. — B. Dessau, Die phys.-chem. Eigensch. der Legierungen, Bd. 33 dieser Sammlung. — Landolt und Börnsteins Tabellen, Tabelle 111 bis 114. 3. Aufl. Berlin 1905.

auftreten, wobei auch labile Zustände praktisch unbegrenzte Zeit existieren können.

Diesen Möglichkeiten entspricht eine große Mannigfaltigkeit im Verhalten des elektrischen Leitvermögens. Die Übersicht über das vorhandene Beobachtungsmaterial wird aber dadurch sehr erschwert, daß die Zuverlässigkeit der Messungen durch mehrere Umstände sehr herabgedrückt ist. Einmal eignet sich ein großer Teil der Legierungen durch seine außerordentliche Härte und Sprödigkeit sehr schlecht zur Herstellung von Drähten oder Stäben, wie sie zur Messung gebraucht werden, und zweitens finden bei manchen Legierungen, nämlich solchen, die infolge schneller Abkühlung keine Gleichgewichtszustände zwischen den Komponenten darstellen, allmähliche, zum Teil sehr langsame Änderungen statt, die das der chemischen Betrachtung zugrunde liegende Gleichgewicht nicht erkennen lassen.

Le Chatelier[1] war wohl der erste, der über den Zusammenhang zwischen Konstitution und Leitfähigkeit einige verhältnismäßig einfache Sätze aufgestellt hat. Durch eine Anzahl von Arbeiten[2] sind diese seitdem im wesentlichen bestätigt und erweitert worden. Einige Punkte sind indes noch gegenwärtig strittig und in Bearbeitung begriffen. Nach Le Chatelier und Guertler gelten folgende Beziehungen:

1. Für Legierungen, die aus einem mechanischen Gemenge von Kristallen der beiden Komponenten bestehen, berechnen sich die Leitfähigkeiten nach der Mischungsregel am vollkommensten unter Zugrundelegung von Volumprozenten, wie Fig. 6 am Fall der PbCd-Legierung zeigt.

2. Bei Legierungen, die als feste Lösungen anzusehen sind, liegt das Leitvermögen stets, und zwar meist erheblich unter dem nach der Mischungsregel zu erwartenden Wert. Schon kleine im festen Zustande gelöste Mengen drücken das Leitvermögen beträchtlich herab. Fig. 7 zeigt den typischen Verlauf beim Falle

---

[1] Revue générale des Sciences 6, 531 (1895). Zusammenfassende Darstellung von W. Guertler im Jahrbuch der Radioaktivität 5, 17 (1908). — [2] Besonders in den „Metallographischen Mitteilungen" des Göttinger Instituts für anorganische Chemie (Tammann u. a.) und in den Arbeiten des russischen polytechnischen Instituts (Kurnakow u. a.), beide erschienen in der Ztschr. f. anorg. Chem. 1905/10.

vollständiger Mischbarkeit am Beispiel der von Matthiessen untersuchten Gold-Silber-Legierungen.

Fig. 6.

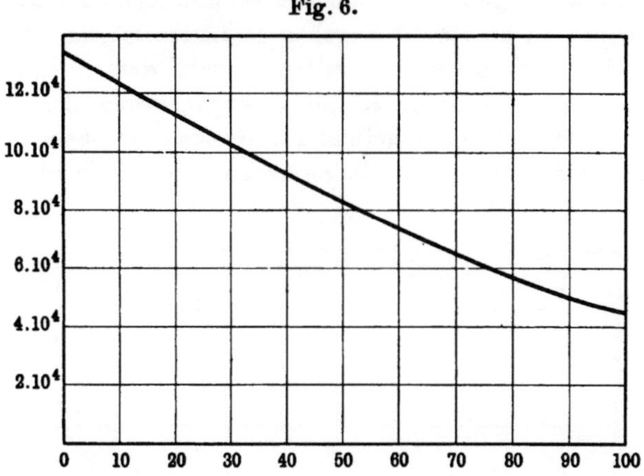

Volumprozente Blei. Leitvermögen der Legierung Cd, Pb.

Für Legierungen, die im festen Zustande eine „Mischungs-lücke" aufweisen, gilt diese Regel natürlich nur für die Konzen-

Fig. 7.

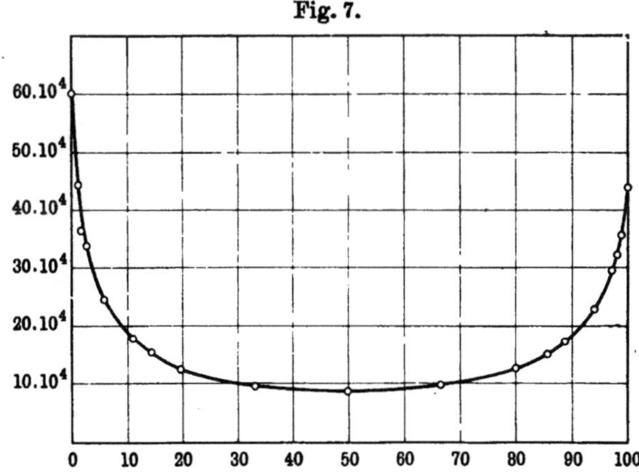

Atomprozente Gold. Leitvermögen der Legierung As, Au.

trationen, die wirklich Lösungen darstellen. Im Bereich der Mischungslücke gilt der Satz 1 mit der Abänderung, daß die ge-sättigten Mischkristalle jeder Art an Stelle der Komponenten treten. Fig. 8 zeigt schematisch den Fall einer Legierungsreihe mit Mischungslücke von 4,0 bis 95 Proz.

3. Verbindungen der Komponenten untereinander haben ein selbständiges, nicht voraus angebbares Leitvermögen. Zwischen ihnen und den Komponenten gelten je nach der Löslichkeit im festen Zustande die unter 1. und 2. angegebenen Beziehungen.

Von diesen empirisch gefundenen Gesetzen erscheint bis jetzt bloß das unter 1. genannte einigermaßen theoretisch begründbar

Fig. 8.

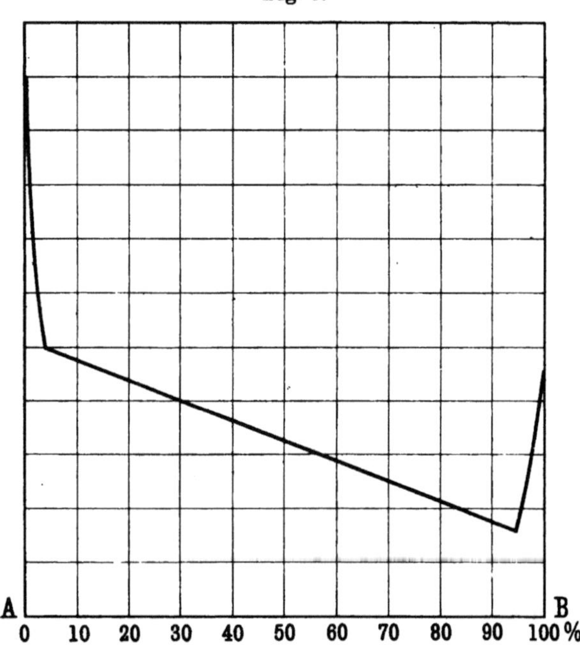

zu sein. In der Tat läßt sich von einem Körper, in dem heterogene Partikeln bei der Aneinanderlagerung teils hinter-, teils nebeneinander geschaltet sind, erwarten, daß eine Mischungsregel sowohl für den spezifischen Widerstand wie für das Leitvermögen annähernd erfüllt sein wird. Eine genaue Beziehung läßt sich ohne Annahmen über die Form der Partikeln aber nicht berechnen. In der Tat zeigt auch die Beobachtung nur eine angenäherte Gültigkeit der Mischungsregel. Beispiele dieses Falles der vollständigen Nichtmischbarkeit bieten die Metallpaare Cd-Zn, Cd-Sn, Cd-Pb,

Sn-Pb, Zn-Sn, die nach Beobachtungen von Matthiessen in der Tat alle den nahezu geradlinigen Verlauf der Leitfähigkeitskurve zeigen.

Legierung mit gegenseitiger Löslichkeit der Komponenten.

Den wichtigsten und interessantesten Fall in bezug auf das Leitvermögen stellen unter den Legierungen die S. 37 unter 2. bezeichneten Kombinationen mit gegenseitiger Löslichkeit im festen Zustande dar.

Beispiele für vollständige Mischbarkeit in jedem Verhältnisse, die vorwiegend bei hochschmelzenden Metallen aufzutreten scheint, sind nach dem bisher bekannten Au-Ag (siehe Fig. 7) Au-Cu (?), Cu-Ni, Pb-In. Eine hinreichend sicher gestellte Reihe partieller Mischbarkeit ist noch nicht bekannt. Wahrscheinlich gehört das Paar Cu-Co hierher [1]).

Besonderes Interesse bietet hier noch der Fall der Mischungen mit kleinem Gehalt der einen Komponente, also der verdünnten Lösungen. Es läßt sich nämlich zeigen, daß wenigstens in einer Anzahl von Fällen der Satz Gültigkeit hat, daß äquivalente Mengen verschiedener Metalle, in ein und demselben Metall gelöst, dessen Leitfähigkeit um den gleichen Betrag erniedrigen. So findet Kurnakow [2]), daß kleine Zusätze von In und Tl zu Pb und solche von Cu und Ag zu Au bei gleicher in Atomprozenten [3]) ausgedrückter Konzentration die Leitfähigkeit des Lösungsmittels um den gleichen Betrag herabsetzen. Diese „atomare Leitfähigkeitserniedrigung" hängt allerdings selbst noch etwas von der Konzentration ab, indem sie für die Konzentration Null am größten ist. Für Lösungen

---

[1]) Vgl. Guertler, Zeitschr. f. anorg. Chem. 51, 405 (1906). — [2]) Zeitschr. f. anorg. Chem. 64, 156 (1909). — [3]) Sind p_1 und p_2 die Gewichtsmengen, A_1 und A_2 die Atomgewichte der zu einer Legierung zusammengeschmolzenen Metalle, so sind

$$\frac{100\,p_1}{p_1 + p_2} \quad \text{und} \quad \frac{100\,p_2}{p_1 + p_2}$$

die Gewichtsprozente, und

$$\frac{100\,\dfrac{p_1}{A_1}}{\dfrac{p_1}{A_1} + \dfrac{p_2}{A_2}} \quad \text{und} \quad \frac{100\,\dfrac{p_2}{A_2}}{\dfrac{p_1}{A_1} + \dfrac{p_2}{A_2}}$$

die Atomprozente.

von fünf Atomprozenten würde sie nach den Kurnakowschen Zahlen etwa betragen bei Gold $4 \cdot 10^4$ CGS, bei Blei $0,12 \cdot 10^4$.

Das bestuntersuchte Beispiel hierzu liefern nach Benedicks[1] die Stahlarten, also die Legierungen des Eisens mit Kohle, Silicium, Mangan, Phosphor, Aluminium, Chrom, Nickel, Wolfram. Im gelösten Zustande vermehren diese sämtlichen Elemente den spezifischen Widerstand des Eisens um $5,9 \cdot 10^{-6}$ für jedes Atomprozent.

Fig. 9.

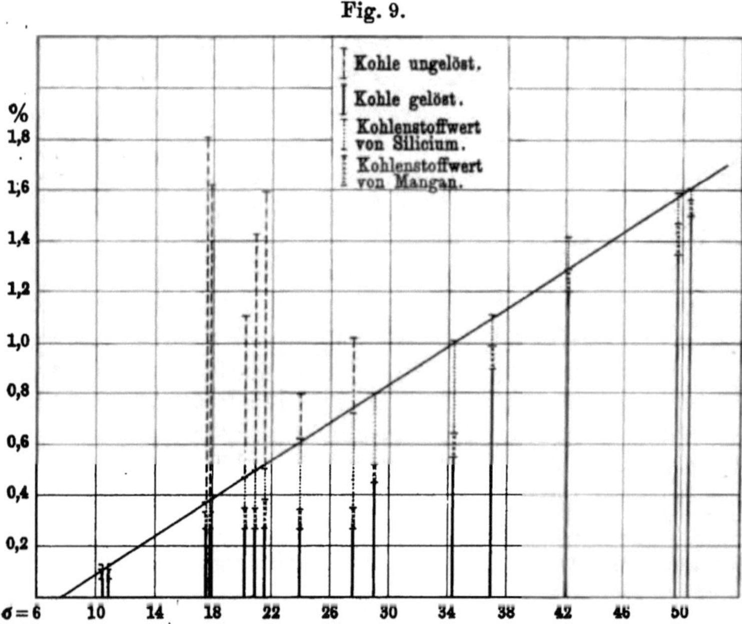

Spezifischer Widerstand des Stahls nach Benedicks.

Eine Reihe von eigenen Beobachtungen an Stahlen mit C-, Si- und Mn-Gehalt hat Benedicks in der Weise zur Darstellung gebracht, daß er die Si- und Mn-Gehalte durch die äquivalenten Kohlenstoffmengen und den spezifischen Widerstand des Eisens als Funktion der Summe sämtlicher gelösten „Kohlenstoffwerte" ausdrückte. Fig. 9 zeigt in der Tat, daß der Widerstand so sehr nahe eine lineare Funktion der in dieser Weise berechneten Zusammensetzung ist. Hierbei ist natürlich bei der Berechnung der Konzentration des Kohlenstoffs darauf Rücksicht zu nehmen, daß

---

[1] Zeitschr. f. phys. Chem. **40**, 545 (1902).

dieses Element im Eisen sowohl gelöst (als Härtungskohle) sowie ungelöst, also einfach mechanisch beigemengt, auftreten kann. Nur im ersteren Zustande hat der Kohlengehalt eine merkliche Einwirkung auf die Leitfähigkeit, im letzteren gilt für ibn der S. 38 unter 1. gegebene Satz, daß die Leitfähigkeit nach der Mischungsregel zu berechnen ist; für kleine Gehalte ist also kein erheblicher Einfluß zu erwarten. Harter Stahl ist eine bei gewöhnlicher Temperatur stark übersättigte Lösung an Kohlenstoff, aus der durch Anlassen der größere Teil der Kohle ausgeschieden werden kann. Im angelassenen Stahl ist nur die bei gewöhnlicher Temperatur noch lösliche Menge von Kohle enthalten, nach Benedicks 0,27 Proz. Anlassen vermindert daher den spezifischen Widerstand eines Stahles beträchtlich. Fig. 9 zeigt für eine Anzahl der untersuchten Stahle den spezifischen Widerstand einmal im gehärteten, einmal im angelassenen Zustand, also für gleichen prozentischen Gesamtgehalt. Für absolut reines Eisen liefert die Figur den Wert $7{,}6 \cdot 10^{-6}$ für den spezifischen Widerstand, also $13{,}2 \cdot 10^4$ für die Leitfähigkeit, ein Wert, der auch bei den reinsten bisher untersuchten Eisenproben noch nicht erreicht worden ist. Der Widerstand einer beliebigen Stahlsorte, die von verschiedenen Beimengungen insgesamt v Atomprozent enthält, ist also durch den Ausdruck:

$$10^6 \cdot \sigma = 7{,}6 + 5{,}9\,v$$

gegeben.

Um den genannten Satz über die Leitfähigkeit verdünnter fester Lösungen allgemein anwenden zu können, wird eine bisher noch nicht vorhandene Kenntnis des Molekularzustandes des gelösten Metalls notwendig sein. Die Angaben über Leitfähigkeiten von Legierungen, die hierher gehören, lassen sich daher noch nicht in größerem Umfange in dieser Hinsicht prüfen.

Legierungen, welche Verbindungen enthalten.

Am unvollkommensten ist bisher die Kenntnis des elektrischen Leitvermögens bei den Legierungen, welche Verbindungen der Metalle untereinander enthalten. Die Unzuverlässigkeit der Beobachtungen gestattet hier in kaum einem Falle eine sichere Deutung der Resultate der Messung, obgleich einige der bekanntesten und wichtigsten Legierungen in diese Gruppe gehören, wie das

Messing und die Bronzen, und obgleich etwa 120 Metallverbindungen schon bekannt sind. Als besonders einfacher Fall dieser Art wurden von N. J. Stepanow[1]) die Mg-Pb-Legierungen untersucht; diese Metalle bilden nur die Verbindung Mg_2Pb miteinander, die im Blei im festen Zustande nicht, in Magnesium in geringem Grade löslich ist. Die Leitfähigkeitskurve zeigt in der Tat bei dem Atomverhältnis Mg_2Pb ein knickartiges Minimum. Zwischen diesem und dem Werte für reines Blei ist der Verlauf nahezu geradlinig (Satz 1), während die Leitfähigkeit des reinen Magnesiums durch geringe Bleizusätze (bis 4,5 Atomproz.) stark erniedrigt wird (Satz 2).

Zu dieser Gruppe der Legierungen gehört wohl auch die feste Lösung des Wasserstoffs in Palladium, die mehrfach auf ihr Leitvermögen untersucht worden ist. Die beiden Elemente gehen wahrscheinlich eine Verbindung (Pd_2H oder Pd_8H_2?) miteinander ein, die etwas (bis zu 2,4 Atomproz. H) in Pd löslich ist. Bis zu diesem Gehalt nämlich steigt nach Fischer[2]) der spezifische Widerstand des Palladiums stark an, um von diesem Punkte an plötzlich schwach linear zu wachsen bis zur höchsten bisher erzielten Konzentration von 44,2 Atomproz. Wasserstoff.

Aus den übrigen diese Gruppe betreffenden Messungen[3]) (Au-Sn, Au-Pb, Cu-Sn, Cu-Sb, Cu-Zn, Sb-Pb, Sb-Sn) läßt sich nur soviel entnehmen, daß die durch Widerstandsmessungen erhaltenen Ergebnisse über das Auftreten von Verbindungen den auf metallographischem Wege erhaltenen nicht widersprechen.

Wirkung der Temperatur auf das Leitvermögen der Legierungen.

Im Temperaturkoeffizienten des spezifischen Widerstandes von Legierungen zeigt sich ein weitgehender Parallelismus zum Widerstande selbst. Die drei Typen der Legierungen, Gemenge, feste Lösungen und Verbindungen zeigen nicht nur wieder jede ihr charakteristisches Verhalten, sondern die Gesetze, die sich darüber aussprechen lassen, ähneln geradezu denen, die für die Leitfähigkeit selbst im vorigen Abschnitt gegeben worden sind.

---

[1]) Zeitschr. f. anorg. Chem. **60**, 209 (1908). — [2]) Ann. d. Phys. (4) **20**, 503 (1906). — [3]) W. Guertler, Zeitschr. f. anorg. Chem. **51**, 412 (1906); W. Haken, Ann. d. Phys. (4) **32**, 291 (1910).

1. Für die Gemenge ist der Temperaturkoeffizient des spezifischen Widerstandes nach der Mischungsregel zu berechnen. Da die reinen Metalle alle nahezu den gleichen Temperaturkoeffizienten haben (siehe S. 25), nämlich etwa 0,0038 bis 0,0048, so gilt derselbe Wert auch für die Gemenge.

2. Den interessantesten und auch praktisch wichtigsten Fall bilden auch hier die festen Lösungen. Der Verlauf des Temperaturkoeffizienten des spezifischen Widerstandes als Funktion der Zusammensetzung gleicht völlig dem der Leitfähigkeit, also der Fig. 7, S. 39.

Matthiessen drückte die Wirkung der Temperatur zwischen 0 und 100° auf die Leitfähigkeit aus durch die bequem bestimmbare Funktion:

$$P = \frac{\varkappa_0 - \varkappa_{100}}{\varkappa_0} \cdot 100,$$

mit welcher auch in neueren Arbeiten gerechnet ist. Setzen wir:

$$\varkappa = \frac{1}{\sigma} \quad \text{und} \quad \sigma_{100} = \sigma\,(1 + 100\,\alpha),$$

so wird also:

$$P = \frac{10^4 \cdot \alpha}{1 + 100\,\alpha} \quad \text{und} \quad \alpha = \frac{1}{100} \cdot \frac{P}{100 - P},$$

ein Ausdruck, der für reine Metalle ($\alpha = 0,0040$) den Wert von etwa 29 annimmt.

Matthiessen hat nun folgende Beziehung zwischen dem so berechneten Temperatureinfluß und der Leitfähigkeit einer Legierung aufgestellt: Berechnet man einerseits P und $\varkappa$ für eine Legierung nach der Mischungsregel für Volumprozente, wobei sich P_m und $\varkappa_m$ ergebe, und bestimmt man andererseits die wahren Werte P und K durch das Experiment, so gilt:

$$\frac{P}{P_m} = \frac{\varkappa}{\varkappa_m},$$

oder, da P_m sich für Legierungen gutleitender Metalle stets zu etwa 29 ergeben muß:

$$\frac{P \cdot \varkappa_m}{\varkappa} = \text{etwa } 29.$$

Diese Regel ist zuletzt von Guertler[1]) an einem größeren Material geprüft und gut bestätigt gefunden worden. Immerhin darf sie naturgemäß nur als eine Annäherung angesehen werden, die nur einen Überblick über den Gegenstand liefern kann, da Ausnahmen bekannt sind.

Durch die Eigenheit, daß bei den Legierungen dieser Klasse gleichzeitig der spezifische Widerstand hoch und sein Temperaturkoeffizient klein ist, qualifizieren sie sich besonders zur Herstellung von Widerständen für Meßzwecke. In der Tat gehören wohl alle gebräuchlichen Widerstandslegierungen in die Klasse der festen Lösungen. Zum Teil sind allerdings auch ternäre Legierungen im Gebrauch. Tabelle VII enthält die Zusammensetzungen, spezifischen Widerstände und Temperaturkoeffizienten der gebräuchlichsten Widerstandsmaterialien und ihre Thermokräfte gegen Kupfer. Es sei bemerkt, daß die Zahlenangaben wegen der etwas schwankenden Zusammensetzung der Legierungen nur bedingten Wert haben. Von den jetzt fast ausschließlich gebrauchten Legierungen Manganin und Konstantan ist erstere in elektrischer Hinsicht am günstigsten, wird aber von der letzteren an Haltbarkeit bei höheren Temperaturen bedeutend übertroffen.

Tabelle VII.

Elektrische Eigenschaften der gebräuchlichen Widerstandslegierungen.

	Zusammensetzung	Spezifischer Widerstand	Temperaturkoeffizient $\times 10^3$	Thermokraft gegen Cu in Mikrovolt pro ^{0} C
Konstantan . .	60 Cu, 40 Ni	$0{,}49 \cdot 10^{-4}$	— 0,03 bis + 0,05	40
Manganin . .	84 Cu, 12 Mn, 4 Ni	$0{,}42 \cdot 10^{-4}$	bis + 0,03	1,5
Nickelin . . .	61,6 Cu, 17,7 Zn, 18,5 Ni	$0{,}33 \cdot 10^{-4}$	0,3	18
Patentnickel .	75,5 Cu, 24,5 Ni	$0{,}33 \cdot 10^{-4}$	0,2	36

3. Wenig Bestimmtes ist wieder zu sagen über die Legierungen, welche Verbindungen enthalten. Von gutleitenden reinen

---

[1]) Zeitschr. f. anorg. Chem. 54, 58 (1907).

Metallverbindungen ist nach S. 30 zu erwarten, daß sie denselben Temperaturkoeffizienten zeigen wie die reinen Metalle. Ist aber eine Metallverbindung in der Legierung immer nur in Gegenwart ihrer Zersetzungsprodukte beständig, so werden diese den Temperaturkoeffizienten mitbestimmen, wobei wieder die Zugehörigkeit der Legierung zur Klasse der Gemenge oder der Lösungen bestimmend ist. Die von Stepanow untersuchte Mg-Pb-Legierung (siehe S. 44) zeigt bei der der Verbindung Mg_2Pb entsprechenden Zusammensetzung einen Knickpunkt im Verlauf des Temperaturkoeffizienten, der hier den Wert 0,0020 hat, und eine starke Erniedrigung dieser Größe für kleine Bleizusätze zu reinem Magnesium, analog dem Verhalten des Leitvermögens selbst.

Zur Theorie der Leitung in Legierungen.

Eine Theorie der Leitung in Legierungen, die den wesentlichsten Punkt, das Verhalten der festen Lösungen, aufklärt, gibt es noch nicht. Rayleigh[1]), Liebenow[2]), Ostwald[3]) haben nach wesentlich denselben Prinzipien versucht, den Peltiereffekt (siehe Kap. III) zur Erklärung der auffallenden Widerstandsvermehrung der Legierung gegenüber den reinen Metallen heranzuziehen. Besteht nämlich eine Legierung aus heterogenen Partikelchen, so muß nach Peltier beim Durchtritt des Stromes durch die Grenzflächen in diesen Wärme entwickelt bzw. verbraucht werden; die entstehenden Temperaturdifferenzen, die durch die Wärmeleitung bald stationär werden, sind Anlaß einer thermoelektrischen Kraft, die naturgemäß stets dem Strom entgegengerichtet und ihm proportional ist, die sich also als ein richtiger Widerstand manifestiert. Nähere Überlegung zeigt, daß die Zahl der anzunehmenden Thermopaare keinen Einfluß auf die Größe dieses Widerstandes hat. Trotzdem gegen diese Überlegung an sich wohl nichts einzuwenden ist, kann sie nicht als hinreichende Erklärung der betrachteten Erscheinung angesehen werden aus folgenden Gründen: 1. Der berechnete Effekt ist bei weitem kleiner als beobachtet wird. 2. Der beobachtete Zusatzwiderstand ist nahe von der Temperatur unabhängig, was vom Peltiereffekt und infolgedessen

---

[1]) Scientific Papers **4**, 232. — [2]) Zeitschr. f. Elektrochem. **4**, 201 (1897). — [3]) Zeitschr. f. physik. Chem. **11**, 515 (1893).

von der berechneten Wirkung auf den Widerstand nicht gilt. Diese sollte sogar stets für eine bestimmte Temperatur Null werden. 3. Legierungen sollten Wechselströmen gegenüber einen anderen Widerstand zeigen als Gleichstrom, wenn nämlich die Wechselzahl so groß ist, daß der oben bezeichnete stationäre Zustand der Temperaturverteilung nicht erreicht wird. Nach Versuchen von Willows[1] ist das nicht der Fall. Auch bei den sehr viel höheren Wechselzahlen des ultraroten Spektrums behalten nach Hagen und Rubens (siehe Kap. V) die Legierungen ihr Leitvermögen bei. 4. Auch die Annahme der Heterogenität ist gerade bei den Legierungen mit Mischbarkeit im festen Zustande willkürlich.

Vorschläge zur Erklärung der Erscheinung bei Mischkristallen von Riecke (durch die Zurückdrängung der Elektronendissoziation wie bei Elektrolyten mit einem gemeinsamen Ion) und von Schenck[2] (durch direkte Mitwirkung der gelösten Metallatome) sind vorläufig nicht genügend durchgearbeitet, um ein abschließendes Urteil zu ermöglichen. Über einen anderen Hinweis zur Erklärung der Erscheinung siehe S. 94.

Zweites Kapitel.

Die Wärmeleitung in Metallen.

Schon bei den ersten genaueren Bestimmungen des elektrischen Leitvermögens der Metalle fiel es auf, daß zwischen dieser Größe und der Wärmeleitung ein weitgehender Parallelismus bestand. Wiedemann und Franz[3] sprachen 1853 das Gesetz aus, daß beide Größen bei allen Metallen sehr nahe im gleichen Zahlenverhältnis ständen (gleiche Temperatur vorausgesetzt). L. Lorenz[4] vervollständigte diesen Satz 1882 dadurch, daß er fand, daß bei allen Metallen das Verhältnis von

---

[1] Phys. Zeitschr. 8, 173 (1907). — [2] Ann. d. Phys. (4) 32, 261 (1910). — [3] Pogg. Ann. 89, 497 (1853). — [4] Wied. Ann. 13, 422 (1882).

Wärmeleitung zu Elektrizitätsleitung nahezu in gleicher Weise durch die Temperatur beeinflußt wird, nämlich daß es einfach proportional der absoluten Temperatur zunimmt. Dieser Zusammenhang gibt Anlaß, die Wärmeleitung der Metalle hier auch einer etwas eingehenderen Betrachtung zu unterziehen.

Ehe wir auf die Beobachtungsergebnisse darüber näher eingehen, wollen wir die theoretische Behandlung vom Standpunkte der Elektronenlehre und das bemerkenswerte Resultat, das sie gerade über die Beziehung zur Elektrizitätsleitung liefert, betrachten.

Elektronentheorie der Wärmeleitung.

Um die Proportionalität zwischen Wärme- und Elektrizitätsleitung theoretisch zu begründen, muß man beide auf dieselbe Ursache zurückführen, im Sinne der Elektronentheorie also auf die Bewegung der freien Leitungselektronen. In der Tat haben alle Elektronentheorien der Metalle die Annahme gemacht, daß jedenfalls der größte Teil der Wärmeleitung in den Metallen durch die Elektronenbewegung zustande komme, und es kann mit als der beste Erfolg dieser Theorien angesehen werden, daß sie auf diese Weise wirklich zu den Gesetzen von Wiedemann und Franz und von L. Lorenz führen.

Gemeinsame Voraussetzung dieser Theorien muß es sein, daß die Ursachen, die bei isolierenden Körpern die Wärmeleitung hervorrufen, bei den Metallen nicht wesentlich mitwirken können. Für die Übertragung der Wärme durch „innere Strahlung", die mutmaßlich für die Isolatoren eine wesentliche Rolle spielt, hat Reinganum[1]) gezeigt, daß sie bei Metallen nur einen unmeßbar kleinen Anteil der wirklich beobachteten Wärmeleitung ausmachen kann, bei Silber 1,5, bei Zinn 3,5 Milliontel des Ganzen. Die gemachte Annahme scheint also einigermaßen begründet.

Zur Ableitung der Wärmeleitung durch die Elektronenbewegung machen wir weiter noch die vereinfachende Voraussetzung, daß die Zahl der Elektronen pro Kubikzentimeter selbst nicht abhängig sei von der Temperatur, d. h. wir beschränken uns im Sinne von Koenigsbergers Theorie (S. 29) auf die reinen

---

[1]) Phys. Zeitschr. 11, 673 (1910).

gutleitenden Metalle. Wir können dann von einem allgemeinen Satz Boltzmanns aus der kinetischen Gastheorie Gebrauch[1]) machen, welcher folgendes aussagt: Besteht für irgend eine Größe, von der auf jedes Molekül der Anteil G entfällt, in einem Gase ein Gefälle $\dfrac{d\,G}{d\,z}$, sind ferner n, l und v die Zahl, mittlere freie Weglänge und mittlere Geschwindigkeit der Moleküle, so wird von der Größe G pro Sekunde durch die Querschnittseinheit die Menge

$$\Gamma = \frac{1}{3}\,n\,l\,v\,\frac{\partial G}{\partial z}$$

in der Richtung des Gefälles übertragen.

Für unseren Fall betrachten wir wie früher als Gasmoleküle die Elektronen und verstehen unter der Größe G die kinetische Energie eines Elektrons, also nach S. 7 die universelle Funktion $\alpha\,T$. Dann wird Γ der übertragene Energiestrom sein, oder die in Energieeinheiten gemessene Stromdichte des Wärmestromes. Sie findet sich zu

$$\frac{1}{3}\,n\,l\,v\,\alpha\,\frac{d\,T}{d\,z}$$

und hieraus ergibt sich die Wärmeleitfähigkeit zu

$$(1) \quad \ldots \ldots \ldots \quad k = \frac{1}{3}\,n\,l\,v\,\alpha.$$

Unter Rücksicht auf die Maxwellsche Geschwindigkeitsverteilung ergibt sich die Wärmeleitung in der S. 9 beschriebenen H. A. Lorentzschen Darstellung. Für den Fall, daß der Wärmestrom nicht mit einer Elektrizitätsbewegung zusammen auftritt, nimmt er hiernach die Gestalt an

$$W = -\frac{8}{9}\sqrt{\frac{2}{3\pi}}\,l\,n\,\alpha\,v\,\frac{\partial T}{\partial x},$$

also wird die Leitfähigkeit

$$(1') \quad \ldots \ldots \ldots \quad k = \frac{8}{9}\sqrt{\frac{2}{3\pi}}\,l\,n\,\alpha\,v,$$

also bis auf den Zahlenfaktor, hier $0{,}40\,947$, gleich dem erstgefundenen Ausdruck.

---

[1]) Gastheorie I, § 11, Leipzig 1896.

Die Ausdrücke (1) und (1') können vorderhand für sich genommen so wenig durch die Beobachtung geprüft werden, wie die früher (S. 17) gegebenen für die Elektrizitätsleitung. Bilden wir aber nun die Quotienten aus k und $\varkappa$, so ergibt sich — gemeinsam bei allen Elektronentheorien —, daß die Größen n und l, die wir als spezifische Konstanten eines jeden Metalls ansehen müssen, herausfallen, und daß nur universelle Konstanten stehen bleiben. Wir erhalten nämlich aus der einfachen Theorie, d. h. aus den Ausdrücken (1) S. 18 und S. 50

$$\frac{k}{\varkappa} = \frac{4}{3}\left(\frac{\alpha}{e}\right)^2 T \quad \ldots \ldots \ldots \quad (2)$$

Dieses Ergebnis ist nun direkt mit der Erfahrung vergleichbar. Erstens sieht man, daß das gesuchte „Leitverhältnis" unabhängig von der Natur des Metalls und proportional der absoluten Temperatur ist, daß also die Gesetze von Wiedemann und Franz und von Lorenz in der Formel enthalten sind, zweitens läßt sich auch der Zahlenfaktor wirklich direkt auswerten, sogar ohne daß die etwas unsicheren Zahlwerte für α und e direkt benutzt werden. Wir machen zu dem Zwecke den Ansatz, daß die kinetische Energie eines einzelnen Moleküls, also $\frac{1}{2}\,m\,v^2 = \alpha\,T$, sich verhalten muß zu seiner Ladung e, wie die gesamte kinetische Energie der in einem Mol enthaltenen Moleküle, $N\cdot\frac{1}{2}\,m\,v^2$, zur Ladung eines Mols, dem elektrochemischen Äquivalent, $F = 9647$ elmag. Einheiten. Nun liefert aber die kinetische Gastheorie die Grundgleichung

$$\frac{1}{3}\,N\,m\,v^2 = R\,T,$$

woraus die Gesamtenergie der Moleküle eines Mols

$$\frac{1}{2}\,N\,m\,v^2 = \frac{3}{2}\,R\,T,$$

worin R die Gaskonstante gleich $8{,}316 \cdot 10^7$ Erg/Grad.

Es wird also unsere Proportion

$$\frac{\alpha\,T}{e} = \frac{\frac{3}{2}\,R\,T}{F},$$

und wir erhalten

$$\frac{\alpha}{e} = \frac{3R}{2F} = 1{,}291 \cdot 10^4$$

abs. elmag. Einheiten. Das Leitverhältnis wird demnach

$$(3) \quad \cdots \quad \frac{k}{\varkappa} = 2{,}274 \cdot 10^8 \cdot T \text{ elmag.}$$

oder bei Einführung elektrostatischer Einheiten,

$$\frac{k}{\varkappa} = 2{,}47 \cdot 10^{-13} \cdot T \text{ elstat.}$$

Etwas andere Zahlenfaktoren ergeben sich bei den anderen Elektronentheorien. H. A. Lorentz findet nach der oben geschilderten Berechnungsweise

$$(2') \quad \cdots \quad \frac{k}{\varkappa} = \frac{8}{9}\left(\frac{\alpha}{e}\right)^2 T = 1{,}48 \cdot 10^8 \cdot T \text{ elmag.}$$

Riecke schießlich findet bei Mitberücksichtigung der Wirkung der Temperatur auf die Elektronenzahl

$$\frac{k}{\varkappa} = \frac{3}{2}\left(\frac{\alpha}{e}\right)^2 T\left(1 + \frac{2}{3}\,\delta T\right).$$

Hierin ist δ der Temperaturkoeffizient der Teilchendichte, entsprechend der Formel $n = n_0\,(1 + \delta t)$.

Beobachtung des Wärmeleitvermögens und des Leitverhältnisses.

Die Darstellung der Methoden zur Messung der Wärmeleitung von Metallen kann hier unterbleiben, da sie in allen Hand- und Lehrbüchern zu finden ist[1]). In größerem Umfange sind zuletzt von Ch. H. Lees[2]) solche Bestimmungen, besonders bei sehr tiefen Temperaturen, ausgeführt worden. Bei Messungen, welche direkt den Vergleich mit der Elektrizitätsleitung bezwecken, muß es Grundsatz sein, beide Beobachtungen am selben Stück und womöglich bei gleicher Richtung beider Ströme auszuführen,

---

[1]) Kohlrauschs Lehrbuch der prakt. Physik, 11. Aufl., S. 209 f.; Winkelmanns Handbuch, 2. Aufl., 3, 447 (Graetz). — [2]) Phil. Trans. Roy. Soc. A. 208, 381 (1908).

da sonst die individuellen Verschiedenheiten einzelner Metallstücke eine große Unsicherheit in die Resultate bringen würden.

In der Tat sind die neueren Beobachter, z. B. Lees, so verfahren. Am vollkommensten in dieser Beziehung ist die von F. Kohlrausch angegebene Methode der elektrischen Heizung, bei der als Resultat direkt das Leitverhältnis und nebenher das elektrische Leitvermögen gefunden wird, und die in den Jahren 1898 und 1899 durch Jaeger und Diesselhorst in der Phys.-Techn. Reichsanstalt zu einer ausführlichen Untersuchung verwandt. worden ist [1]). Sie besteht in folgendem. Ein Stab des zu untersuchenden Metalls vom Querschnitt q befindet sich mit seinen Enden in Bädern von konstanter, gleicher Temperatur; seine seitliche Oberfläche wird gegen Wärmeabgabe durch Wattepackung möglichst geschützt. Ein starker elektrischer Strom durchfließt ihn; dann wird die Stromwärme im stationären Zustande ganz durch die beiden Enden austreten müssen, und es wird sich eine Temperaturverteilung herstellen mit einem Maximum in der Stabmitte [2]), dessen Temperaturdifferenz τ_0 gegen die Stabenden durch eingesteckte Thermoelemente bestimmbar sei. Ist die gesamte Spannung zwischen den Enden des Stabes E_0, so gilt dann

$$\frac{k}{\varkappa} = \frac{E_0^2}{8\tau_0} \quad \cdots \cdots \cdots \cdots \quad (1)$$

Zum Beweis dieser Formel setzen wir die in einem Element des Stabes von der Länge dx elektrisch erzeugte Wärmemenge gleich der durch Leitung daraus austretenden. Erstere läßt sich $\left(\text{in der Form } \frac{e^2}{w}\right)$ schreiben als $\varkappa q \frac{(dE)^2}{dx}$; letztere ergibt sich als Differenz der austretenden und eintretenden Wärmemengen:

$$q k \frac{d\tau}{dx} - q k \left(\frac{d\tau}{dx} + \frac{d^2\tau}{dx^2}\,dx\right) = -\,q k \frac{d^2\tau}{dx^2}\,dx.$$

Die so gewonnene Gleichung

$$\varkappa q\,dE\,\frac{dE}{dx} = -\,kq\,\frac{d^2\tau}{dx^2}\,dx$$

---

[1]) Abhandl. der Phys.-Techn. Reichsanstalt, 3, 269. Berlin 1900. — [2]) Durch die Thomsonwärme, siehe S. 74, würde eine Verschiebung dieses Maximums nach der Seite eintreten, die indes praktisch nicht merklich werden kann.

vereinfacht sich, da E zur unabhängigen Variabeln gemacht werden kann, zu

$$\varkappa = - k \frac{d^2 \tau}{d E^2}.$$

Diese Differentialgleichung ist integrierbar, wenn bei der Beobachtung nur so kleine Temperaturdifferenzen τ vorkommen, daß mit einem Mittelwert des Leitverhältnisses gerechnet werden darf, d. h. wenn $\frac{k}{\varkappa}$ als konstant anzusehen ist. Sie liefert dann

$$- \frac{k}{\varkappa} \tau = \frac{E^2}{2} + C_1 E + C_2,$$

und wenn wir zur Bestimmung der Konstanten vorschreiben, daß in der Stabmitte, bei $\frac{d\tau}{dx} = 0$, also auch $\frac{d\tau}{dE} = 0$, Temperatur und Potential Null gesetzt werden sollen, so wird

$$- \frac{k}{\varkappa} \tau = \frac{E^2}{2}.$$

Dies liefert für die Stabenden, wo $E = \pm \frac{E_0}{2}$:

$$- \frac{k}{\varkappa} \tau_0 = \frac{E_0^2}{8},$$

also identisch mit (1), wenn wir vom Vorzeichen absehen.

Die genauere Theorie nimmt Rücksicht auf die Veränderlichkeit des $\frac{k}{\varkappa}$ mit der Temperatur, und auf die Wirkung der äußeren Wärmeleitung. Bei den Versuchen von Jaeger und Diesselhorst waren die Stabquerschnitte 1 bis 3 qcm, ihre Länge etwa 25 cm; bei Strömen bis zu 350 Amp. betrug die Temperaturdifferenz zwischen Mitte und Enden in der Regel 5 bis 6°. Die Wirkung der äußeren Wärmeleitung beeinflußte nachweislich das Resultat nur unmerklich.

Spezielle Beobachtungsergebnisse über Wärmeleitung und Leitverhältnis.

Außer den S. 48 angeführten Sätzen ist über die Wärmeleitung der Metalle noch folgendes an allgemeinen Resultaten anzugeben:

1. Sie ist, gerade wie die Elektrizitätsleitung, sehr von der Reinheit des Metalls abhängig und kann schon durch kleine Verunreinigungen sehr herabgedrückt werden.

2. Sie wird bei reinen Metallen nur wenig durch die Temperatur beeinflußt. Dies letztere wurde besonders durch die Messungen von Lees für Temperaturen bis zu — 170⁰ herab gezeigt. Tabelle VIII enthält einen Auszug seiner Resultate und der von Jaeger und Diesselhorst gegebenen. Die Zahlen bei + 18⁰ gestatten zugleich den Grad der Übereinstimmung der mit verschiedenen Materialien erhaltenen Resultate zu beurteilen.

Tabelle VIII.

Wärmeleitung reiner Metalle bei verschiedenen Temperaturen nach Lees (Spalte 1 bis 3) und Jaeger und Diesselhorst (Spalte 4 und 5).

(In gr-Kal pro qcm und Grad/cm.)

	— 170⁰	— 100⁰	+ 18⁰	+ 18⁰	+ 1 00⁰
Kupfer	1,112	0,973	0,916	0,918	0,908
Silber.	0,996	1,008	0,974	1,006	0,992
Zink	0,280	0,271	0,268	0,265	0,262
Cadmium	0,240	0,231	0,217	0,222	0,216
Aluminium	0,524	0,492	0,504	0,480	0,492
Zinn	0,195	0,176	0,157	0,155	0,145
Blei	0,093	0,087	0,083	0,083	0,082
Messing.	0,175	0,213	0,260	—	—
Manganin	0,034	0,039	0,052	0,053	0,063

Der Satz von L. Lorenz über die Abhängigkeit des Leitverhältnisses von der Temperatur, läßt für die reinen Metalle dieses Resultat erwarten. Denn wenn $\dfrac{k}{\varkappa} = const\ T$ und andererseits nach S. 25 auch $\sigma = \dfrac{1}{\varkappa}$ hier näherungsweise proportional der absoluten Temperatur ist, so muß k ziemlich von ihr unabhängig sein.

Der Grad der Gültigkeit des Wiedemann und Franzschen Gesetzes läßt sich aus der großen Reihe der Angaben von

Jaeger und Diesselhorst beurteilen, die in Tabelle IX zusammengestellt sind.

Tabelle IX.

Leitverhältnis verschiedener Metalle nach Jaeger und Diesselhorst. (Wärmeleitung in Energiemaß, elektrisches Leitvermögen in absoluten elektromagnetischen Einheiten.)

	Leitverhältnis	Temperaturkoeffizient in Prom.
Al 99 Proz.	$6{,}36 \cdot 10^{10}$	4,37
Cu rein	$6{,}71 \cdot 10^{10}$	3,95
Ag „	$6{,}86 \cdot 10^{10}$	3,77
Au „	$7{,}09 \cdot 10^{10}$	3,75
Ni 97 Proz.	$6{,}99 \cdot 10^{10}$	3,93
Zn rein	$6{,}72 \cdot 10^{10}$	3,85
Cd „	$7{,}06 \cdot 10^{10}$	3,73
Pb „	$7{,}15 \cdot 10^{10}$	4,07
Sn „	$7{,}35 \cdot 10^{10}$	3,4
Pt „	$7{,}53 \cdot 10^{10}$	4,64
Pd „	$7{,}54 \cdot 10^{10}$	4,69
Fe (0,1 Proz. C)	$8{,}02 \cdot 10^{10}$	4,32
Bi rein	$9{,}64 \cdot 10^{10}$	1,51
Rotguß	$7{,}57 \cdot 10^{10}$	3,46
Konstantan	$11{,}06 \cdot 10^{10}$	2,39
Manganin	$0{,}14 \cdot 10^{10}$	2,74

Die Tabelle zeigt zunächst, daß in der Tat für die reinen Metalle, wenn wir von Wismut absehen, die Zahlen der ersten Kolumne verhältnismäßig sehr nahe beieinander liegen, während z. B. die elektrischen Leitfähigkeiten selbst in den extremen Fällen (Blei, Silber) von $4{,}8 \cdot 10^4$ bis $61{,}4 \cdot 10^4$ variieren. Auch die als unrein gekennzeichneten Metalle, sowie der Wismut und die Legierungen, weichen vom Mittel nicht viel, meist nach oben ab. Trotzdem ist es sicher, daß auch die kleineren Unterschiede der reinen Metalle bedeutend größer sind als die Messungsfehler, daß also das Wiedemann und Franzsche Gesetz nur eine Annäherung an die Wirklichkeit gibt.

Bemerkenswert ist es nun aber, daß auch die theoretisch gefundenen Werte der Größenordnung nach sehr gut übereinstimmen mit dem Mittelwert der Tabelle. Bilden wir aus den Zahlen der reinen Metalle, ohne Wismut, das Mittel, so finden wir

$$\left(\frac{k}{\varkappa}\right)_{\text{beob.}} = 7{,}11 \cdot 10^{10},$$

während die Formel (3) S. 52 für $T = 291^0$ abs. den Wert $6{,}47 \cdot 10^{10}$ liefert. Die H. A. Lorentzsche Berechnung liefert nur $4{,}31 \cdot 10^{10}$.

Ähnlich steht es mit der Gültigkeit des Lorenzschen Gesetzes. Spalte 2 der Tabelle IX zeigt, daß die Temperaturkoeffizienten des Leitverhältnisses für die reinen Metalle (außer Wismut) nahe gleich, und nicht weit entfernt von dem von der Theorie geforderten Werte 3,67 Prom. $= \dfrac{1}{273}$ sind. Trotzdem sind (für Al, Pt, Pd) die Unterschiede auch hier größer als die Beobachtungsfehler. Riecke hat auf Grund seiner Formel, S. 52, aus den von Jaeger und Diesselhorst beobachteten Temperaturkoeffizienten die Änderung der Elektronenzahl durch die Temperatur berechnet. Es ergeben sich außerordentlich kleine Zahlen, wodurch die als Annäherung S. 11 und S. 30 eingeführte Annahme der Unabhängigkeit der Elektronenzahl von der Temperatur berechtigt erscheint.

Einen sehr vollkommenen Überblick über das Lorenzsche Gesetz erhält man durch die Darstellung von Lees, die in Fig. 10 zum Teil wiedergegeben ist. Die Theorie verlangt nach Formel (2), S. 51, daß die Größe $\dfrac{k}{\varkappa T}$ unabhängig von der Temperatur und nahe gleich $2{,}274 \cdot 10^8$, oder $1{,}48 \cdot 10^8$ nach H. A. Lorentz sei. In Fig. 10 sind nun nach Lees die tatsächlich beobachteten Werte von $\dfrac{k}{\varkappa T}$ für verschiedene Metalle und Legierungen zusammengestellt. Die Werte für Messing und Nickel, die zwischen Eisen und Blei rangieren, und die für Zinn, Cadmium und Silber, die zwischen Blei und Kupfer stehen, sind der Übersichtlichkeit halber weggelassen. Man sieht, daß mit steigender Temperatur sämtliche Werte (mit Ausnahme von Eisen) mehr oder minder gegeneinander und gegen einen Mittelwert von etwa $2{,}4 \cdot 10^8$ konvergieren.

Auch bei den Legierungen zeigt sich, wie die angeführten Beispiele des Konstantans, Manganins, Neusilbers und Messings zeigen, daß das Wiedemann und Franzsche und das Lorenzsche Gesetz noch bestehen, wenn auch im allgemeinen schon mit

Fig. 10.

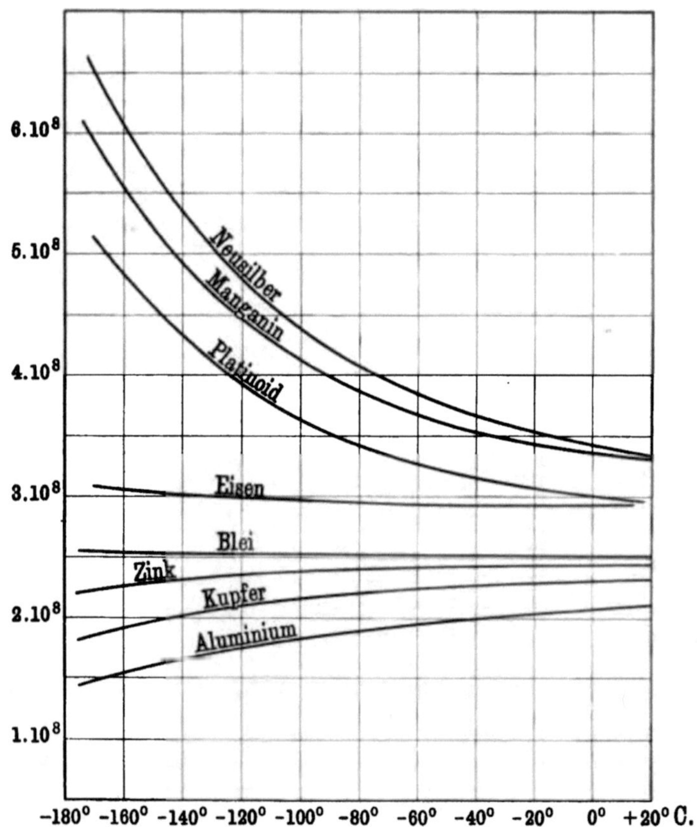

Leitverhältnis verschiedener Metalle nach Lees.

größeren Abweichungen als bei den gutleitenden Metallen. Es folgt daraus, daß die Wärmeleitung bei ihnen in nahe derselben Weise von der Zusammensetzung abhängen muß, wie die Elektrizitätsleitung, also, wie im vorigen Kapitel erörtert, in verschiedener Weise, je nachdem, ob die Legierung eine Mischung, feste

Lösung oder Verbindung darstellt. Im einzelnen wurde dies noch von F. A. Schulze[1]) an den Beispielen der Legierungen von Bi—Pb, Bi—Sn und Zn—Sn gezeigt. Er fand, daß bei keiner seiner Legierungen die Abweichungen von den zwei Gesetzen größer waren als bei den Komponenten.

Im allgemeinen zeigen indes die Legierungen größeres Leitverhältnis als die Komponenten, d. h. die Wärmeleitung wird durch den Zusatz der zweiten Komponente weniger herabgesetzt als die Elektrizitätsleitung. R. Schenck[2]) untersuchte nach Kohlrauschs Methode die Veränderungen, die das Leitverhältnis von Cu, Cd und Ag durch kleine Zusätze anderer Metalle erfährt, und fand stets eine zum Teil beträchtliche Zunahme. Im übrigen liegt eine vollständige systematische Untersuchung der Legierungen noch nicht vor.

Drittes Kapitel.

Die thermoelektrischen Erscheinungen.

Zur Gruppe der thermoelektrischen Erscheinungen rechnen wir die drei in geschlossenen Leiterkreisen stets gemeinsam auftretenden Phänomene der thermoelektrischen Kraft, des Peltiereffekts und des Thomsoneffekts, die folgendermaßen definiert werden können:

1. Berühren sich zwei heterogene metallische Leiter und hat die Berührungsstelle eine andere Temperatur als der übrige Teil, so zeigt sich eine elektrometrisch oder galvanometrisch meßbare Potentialdifferenz zwischen den freien Leiterenden, die **thermoelektromotorische Kraft** (Seebeck 1821).

Schließt man den Leiterkreis, so entsteht ein Strom, der aus dieser elektromotorischen Kraft und dem Widerstand der Leiter nach Ohms Gesetz gegeben ist.

2. Fließt durch die Berührungsfläche zweier Leiter ein elektrischer Strom, so wird dort eine gewisse (positive oder negative)

---

[1]) Ann. d. Phys. **9**, 555 (1902). — [2]) Ann. d. Phys. (4) **32**, 261 (1910).

Wärmemenge, unabhängig von der Joulewärme, produziert. Die Erscheinung wird nach ihrem Entdecker als **Peltiereffekt** bezeichnet. Sie wurde 1834 bekannt.

3. Fließt ein elektrischer Strom durch einen homogenen Leiter, in dem ein Temperaturgefälle besteht, so entsteht in jedem Volumelement eine gewisse (positive oder negative), wieder von der Joulewärme unabhängige Wärmemenge. Diese Erscheinung wurde durch Lord Kelvin 1854 zuerst theoretisch erschlossen (siehe S. 80), dann 1856 experimentell aufgefunden; sie wird nach ihm als **Thomsoneffekt** bezeichnet.

Man sieht, daß in einem geschlossenen Kreise metallischer Leiter die drei Phänomene notwendig immer zusammen auftreten müssen; der thermoelektrische Strom tritt nach 1. nur auf, wenn die Leiter heterogen und ungleich temperiert sind, er muß also stets die Phänomene 2. und 3. selbst hervorrufen. Wir werden im folgenden zunächst die Beobachtungstatsachen über die drei Erscheinungen angeben, dann den inneren Zusammenhang betrachten, in dem sie nach den Prinzipien der Thermodynamik stehen, und schließlich feststellen, wieweit die Elektronentheorie von den Tatsachen Rechenschaft gibt, und was sie außerdem auszusagen gestattet.

Die Messung thermoelektrischer Kräfte und ihre Ergebnisse.

Die von Thermoelementen hervorgebrachten Potentialdifferenzen, besonders bei guten Leitern, sind klein gegenüber den auf elektrochemischem Wege entstehenden. Bei Messungen wird es in der Regel wünschenswert sein, daß $^1/_{10}$ Mikrovolt noch erkennbar sei. Es ist dies dadurch erleichtert, daß der innere Widerstand der Elemente sich meist klein machen läßt und daß Polarisation so gut wie nicht vorhanden ist. Der Temperatureinfluß auf den Widerstand ist natürlich grundsätzlich unvermeidlich. Aus diesen Umständen ergibt sich als geeignetste Meßmethode im Normalfall eine Kompensationsmethode unter Benutzung eines Galvanometers von möglichst kleinem Widerstand, im allgemeinen also eines Nadelgalvanometers. Gleitkontakte werden zu vermeiden sein, ebenso Störungen durch unbeabsichtigte Thermokräfte an Berührungsstellen verschiedenartiger Leiter, die zufälliger Erwärmung ausgesetzt sein können. Als Stromschlüssel und wender sind daher solche, bei denen nur Quecksilber als Leiter diente, verwandt worden.

Bei der Temperaturmessung ist zu berücksichtigen, daß die Lötstellen, deren Temperatur sich ja durch den Stromkreis selbst immer auszugleichen strebt, besonders bei großen Temperaturunterschieden mitunter nicht ganz die von außen erteilte Badtemperatur annehmen. Im übrigen liegt hier wohl bei der jetzigen Vollkommenheit der Thermometrie keine Schwierigkeit.

Am schwierigsten ist die Beschaffung geeigneten Versuchsmaterials. Die thermoelektrische Kraft erweist sich etwa in gleichem Grade von Reinheit, Struktur und Härte abhängig wie die elektrische Leitfähigkeit. Sehr reine, weiche Metalle zeigen ziemlich einheitliche Werte. Stark kristallisierende Materialien und die stark magnetisierbaren: Fe, Ni, Co, zeigen hier wie dort größere Verschiedenheiten. Als Bezugsmetall für thermoelektrische Messungen würde am besten das Quecksilber dienen, bei dem grundsätzlich keine zufälligen Ungleichartigkeiten auftreten können. Wegen der praktischen Schwierigkeiten, die das haben würde, und aus einem theoretischen Grunde zieht man im allgemeinen das Blei vor, das sich im reinen Zustande dem Quecksilber gegenüber als sehr gleichartig erwiesen hat. — Bei Untersuchung von Verbindungen, besonders von Mineralien, ist naturgemäß erst recht auf die Abhängigkeit von Material zu achten.

Resultate. Daß in einem Kreise von Leitern erster Klasse, der sich ganz auf derselben Temperatur befindet, keine stromliefernde Potentialdifferenz auftreten kann, wurde schon von Volta gezeigt und von Helmholtz als eine Folgerung des Satzes von der Erhaltung der Kraft nachgewiesen [1]. Die Potentialdifferenzen, die bei reiner Berührung zweier Metalle auftreten und die noch nicht mit Sicherheit gemessen sind, sind daher eher anzusehen als Resultat der Ausbildung eines elektrischen Gleichgewichts zwischen den Leitern, während dauernde Ströme sonst im Gegenteil die Folge des nicht vorhandenen Gleichgewichts sind.

Von Magnus [2] wurde nun zweitens gezeigt, daß in einem homogenen Leiter auf keine Weise allein durch Temperaturdifferenzen stromliefernde Potentialdifferenzen hervorgerufen werden

---

[1] Klass. d. ex. Wiss., Nr. 1, S. 34. Leipzig. — [2] Pogg. Ann. 83, 469 (1851).

können. Bei Quecksilber wenigstens wurde von ihnen nachgewiesen, daß durch Unsymmetrie in der Temperaturverteilung oder durch solche des Querschnitts zu beiden Seiten der erwärmten Stelle ein Strom nicht hervorgebracht werden kann. Bestehen daher Potentialdifferenzen zwischen heißem und kaltem Quecksilber, so können sie lediglich von den Temperaturdifferenzen abhängen, müssen sich also im geschlossenen Kreise stets aufheben. Die festen Metalle scheinen mitunter diesen Satz nicht zu bestätigen. Es kann indes als sicher gelten, daß er in solchen Fällen nur durch die Wirkung der Struktur- oder Härteverschiedenheit verschiedener Stellen ein und desselben Metallstücks aufgehoben erscheint, denn die so beobachtbaren thermoelektrischen Wirkungen sind regellos.

Diese Sätze von Volta und von Magnus liegen schon in der S. 59 gegebenen Definition der thermoelektrischen Kraft ausgedrückt, wonach nur bei Berührung heterogener und ungleich temperierter Leiter ein Strom entstehen kann. Wir benutzen sie zu zwei weiteren Folgerungen allgemeiner Art, die bei thermoelektrischen Beobachtungen ausnahmslos bestätigt worden sind.

Erstens können wir ohne weiteres schließen, daß bei Thermoelementen allgemein die gemessene Potentialdifferenz bloß Funktion der Temperatur der Berührungsstellen und der Natur der Leiter sein kann; die Art der Temperaturverteilung längs der homogenen Leiterstücke hat keinen Einfluß auf das Ergebnis.

Zweitens können wir folgenden Satz ableiten: Zeigen zwei Leiter A und B bei den Temperaturen τ_1 und τ_2 ihrer zwei Berührungsstellen eine thermoelektrische Potentialdifferenz E_{AB}, so ist ihre thermoelektrische Potentialdifferenz bei denselben Temperaturen einem dritten Leiter C gegenüber gegeben durch

$$E_{AC} - E_{BC} = E_{AB}.$$

Zum Beweise denken wir uns eine Anordnung der Leiter wie Fig. 11. Die Potentialdifferenz zwischen 1 und 5 ist bei der Hintereinanderschaltung der beiden Elemente zunächst gleich $E_{AC} + E_{CB}$ oder $E_{AC} - E_{BC}$. Nach Magnus besteht aber auf dem Leiterstück C zwischen dessen Enden 2 und 4 keine Potentialdifferenz, gleichgültig ob das bei 3 gelegene Zwischenstück anders temperiert ist. Wir können C also durch ein ganz auf der Temperatur τ_2 befindliches Stück ersetzen, das nunmehr nach Voltas Satz keine Wirkung auf die resultierende Thermokraft hat, also wegbleiben kann. Es bleibt dann E_{AB} als $E_{AC} - E_{BC}$ übrig.

Nach diesen zwei Sätzen erscheint also ein Metall als thermoelektrisch ausreichend charakterisiert, wenn seine elektromotorische Kraft gegenüber einem ein für allemal zu wählenden Normalmetall als Temperaturfunktion festgestellt wird. Wir wählen als solches nach S. 61 das Blei und halten als Ausgangstemperatur zunächst für die eine Lötstelle 0^0 C fest.

Die Beobachtung zeigt nun, daß die elektromotorische Kraft eines Thermoelements in erster Annäherung der Temperaturdifferenz seiner Lötstellen proportional ist. Bei Betrachtung eines größeren Temperaturintervalls reicht aber dieser

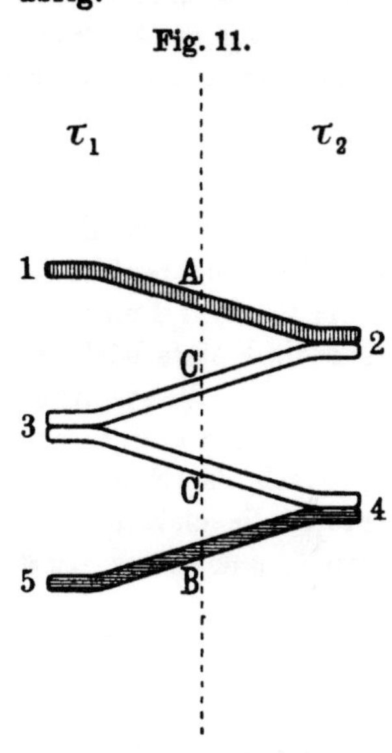

Ansatz nicht aus, und man wird höhere Potenzen der Temperaturdifferenz zur Darstellung der thermoelektromotorischen Kraft einführen, also für zwei Metalle A und B, deren Lötstellen sich auf 0 und $+ \tau^0$ befinden, schreiben:

$$(A, B)_\tau = \alpha \tau + \frac{1}{2} \beta \tau^2 + \frac{1}{6} \gamma \tau^3 + \cdots$$

Zur Festsetzung des Richtungssinnes der Kraft soll im folgenden stets die Regel beibehalten werden, daß α für ein Element (A, B) positiv gewählt wird, wenn der Strom in der auf 0^0 gehaltenen Lötstelle von A nach B fließt (bei positivem τ). Wir bezeichnen dann auch A als positiv gegen B[1]). Natürlich muß dann ein Element (B, A) negative Koeffizienten gleicher Größe bekommen.

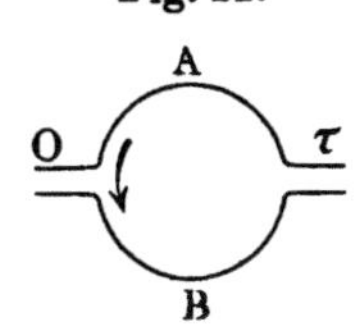

---

[1]) Dies ist die gebräuchlichere Bezeichnungsweise. Umgekehrt z. B. Jaeger und Diesselhorst, Abh. d. Reichsanstalt III, S. 395; Mascart und Joubert, Lehrb. d. El. Berlin 1888.

Die Beobachtung einer großen Zahl von Metallen hat nun gezeigt, daß man in den meisten Fällen eine sehr weitgehende Annäherung an die Wirklichkeit erhält, wenn man die oben angesetzte Reihe nach dem quadratischen Gliede abbricht, also schreibt:

$$(A\,B)_\tau = \alpha\tau + \frac{1}{2}\,\beta\tau^2.$$

Diese Formel, die oft nach Avenarius [1]) bezeichnet wird, hat gegenüber anderen, die eine bessere Annäherung durch Einführung komplizierterer Funktionen erreichen wollen, den Vorzug, daß sie rechnerisch stets leicht zu handhaben ist und nach Bedarf ja auch stets durch Zusatzglieder ergänzt werden kann. Theoretische Überlegungen nötigen vorläufig auch nicht zu einer anderen Form.

Nach den S. 62 angegebenen Regeln können wir nun ohne weiteres die elektromotorische Kraft für zwei beliebige Temperaturen τ_1 und τ_2 der Lötstellen als

$$\alpha\,(\tau_2 - \tau_1) + \frac{1}{2}\,\beta\,(\tau_2^2 - \tau_1^2)$$

bilden. Ebenso folgt die für ein Grad Temperaturdifferenz, die wir als thermoelektrische Kraft oder Thermokraft schlechthin bezeichnen wollen, als

$$e = \frac{d\,(A,\,B)}{d\tau} = \alpha + \beta\tau.$$

Schließlich folgt für die Beziehung verschiedener Leiter aufeinander aus

$$(A_1,\,B) - (A_2,\,B) = (A_1,\,A_2)$$

in unserer Formulierung:

$$(A_1,\,A_2) = (\alpha_1 - \alpha_2)\,\tau + \frac{1}{2}\,(\beta_1 - \beta_2)\,\tau^2$$

und die Thermokraft:

$$e = (\alpha_1 - \alpha_2) + (\beta_1 - \beta_2)\,\tau.$$

Der durch die Avenariussche Formel angezeigte parabolische Verlauf der EMK ergibt ein Maximum dieser Größe für die Temperatur, wo $\alpha + \beta\tau$ zu Null wird, also für

$$\tau = -\frac{\alpha}{\beta};$$

---

[1]) Pogg. Ann. **119**, 406 (1863).

es hat den Wert

$$(A, B)_{\text{max}} = -\frac{\alpha^2}{2\,\beta}.$$

Auch dies ist durch direkte Beobachtung oft bestätigt worden und läßt sich z. B. an dem Paare Fe—Cu gut demonstrieren, wo das Maximum etwa bei 280° liegt.

Wir stellen nun in Tabelle X (a. f. S.) eine größere Zahl von Koeffizienten α und β verschiedener Metalle gegen Blei genommen zusammen, die die Thermokräfte in Mikrovolt ergeben. Die Angaben entstammen vorzugsweise den Arbeiten von Noll[1]) und Steele[2]), die auf Reinheit ihrer Materialien besonderen Wert gelegt haben. Berücksichtigt sind weiter die Arbeiten von Jaeger und Diesselhorst[3]), Holborn und Day[4]) u. a.

Um die Benutzung der Tabelle zu erläutern, berechnen wir als Beispiel die Thermokraft von Eisen gegen Kupfer und das Maximum der thermoelektromotorischen Kraft. Aus

$$
\begin{aligned}
(\text{Fe, Pb}) &= 13{,}4 - 0{,}030\,\tau \\
(\text{Cu, Pb}) &= 2{,}8 + 0{,}008\,\tau \\
\hline
(\text{Fe, Cu}) &= 10{,}6 - 0{,}038\,\tau \ \text{Mikrovolt,}
\end{aligned}
$$

folgt

also als Temperatur des Maximums

$$\tau = -\frac{10{,}6}{-0{,}038} = 280°,$$

und als Größe des Maximums

$$E_{\text{max}} = 1480 \ \text{Mikrovolt.}$$

Man sieht, daß man mit Hilfe der Tabelle X auch leicht alle Metalle auf Quecksilber als Normalmetall beziehen kann, indem man stets zum Koeffizienten α den Betrag 3,17, zu β den Betrag 0,0173 hinzufügt.

Zur Vervollständigung der in der Tabelle angegebenen Zahlen sei hinzugefügt, daß die Beobachtungen über sehr viel größere Temperaturintervalle von Holborn und Day (-185 bis $+1500°$) und von Fleming und Dewar (tiefe Temperaturen) in Landolt und Börnsteins Tabellen, 3. Aufl., S. 776, ziemlich ausführlich wiedergegeben sind.

---

[1]) Ann. d. Phys. (3) **53**, 905 (1894). — [2]) Phil. Mag. (5) **37**, 218 (1894). — [3]) Abh. P. T. Reichsanstalt **3**, 269 (1900). — [4]) Ann. d. Phys. (4) **2**, 505 (1900).

Tabelle X.

Koeffizienten α und β zur Berechnung der Thermokräfte gegen Blei in Mikrovolt.

	α	β	Bemerkung	Beobachter
Li [1]	+ 11,6	+ 0,039	— 182 bis + 173°	Bernini
Na [1]	— 4,4	— 0,021	— 182 „ + 173	„
K [1]	— 11,6	— 0,025	0 bis + 100	Baker
Cu	+ 2,8	+ 0,0080	0 „ + 200	Noll
Ag	+ 2,3	+ 0,0076	0 „ + 200	„
Au	+ 2,8	+ 0,0064	0 „ + 200	„
Mg	— 0,12	+ 0,0020	0 „ + 200	„
Zn	+ 2,5	+ 0,016	0 „ + 200	„
Cd	+ 3,0	+ 0,034	0 „ + 200	„
Hg	— 3,17	— 0,0173	0 „ + 200	„
Tl	+ 2,1	— 0,008	(unrein!)	Steele
Al	— 0,50	+ 0,0017	0 bis + 200° (unrein!)	Noll
C, Graphit . .	— 5,3	—	—	Koenigsberger
C, Kohlenfaden	+ 10	—	50°	Noll
Si	+ 443	—	—	Koenigsberger
Sn	— 0,17	+ 0,0020	0 bis 200°	Noll
Pb	—	—	—	—
Sb $\perp$	+ 26,4	—	—	Matthiessen
Sb $\parallel$	+ 22,6	—	—	„
Bi $\perp$	— 45,5	— 0,60	0 bis — 70	Lownds
Bi $\parallel$	— 127,4	— 0,70		
Ta	— 4,1	—	—	Coblentz
Te	+ 163	—	α-Te gegen Cu	Haken
Fe	+ 13,4	— 0,030	0 bis 200°	Noll
Ni	— 23,3	— 0,008	0 „ 250	Reichardt
Co	— 20,4	— 0,075	0 „ 250	„
Rh	+ 3,0	— 0,004	0 „ 500	Holborn u. Day
Pd	— 8,2	— 0,029	—	„
Ir	+ 3,2	— 0,008	0 „ 500	„
Pt	— 3,0	— 0,021	0 „ 200	Noll
Konstantan-Pb .	— 34,3	— 0,060	0 „ 250	Reichardt
Konstantan-Cu .	— 37,1	— 0,068	0 „ 250	„
Manganin-Cu .	— 1,7	+ 0,0028	0 „ 100	J. u. D.

[1]) Es gelten dieselben Koeffizienten für festes und flüssiges Metall.

Es sind verschiedene Versuche gemacht worden, die thermoelektrischen Eigenschaften der Leiter in Zusammenhang zu bringen mit anderen. Bündige Resultate haben sie indes noch nicht ergeben. Die Betrachtung der Tabelle X zeigt, daß verwandte Metalle im allgemeinen kleine Thermokräfte gegeneinander zeigen, doch ergeben sich keine durchsichtigen Beziehungen.

Thermoelektrizität der Legierungen und Verbindungen.

Die thermoelektrische Kraft der Legierungen ist erst in neuester Zeit einer systematischen, d. h. auf der Kenntnis der Konstitution der Legierungen beruhenden, Bearbeitung unterzogen worden. Rudolfi[1]) untersuchte die Fälle der Gemenge und der festen Lösungen (siehe S. 37), Haken[2]) solche Legierungen, bei denen wohldefinierte Verbindungen erkannt worden sind. Beide fanden eine weitgehende Analogie zu den bei der Leitfähigkeit erhaltenen Ergebnissen (siehe S. 38 ff.), die sich in folgenden Sätzen zusammenfassen läßt:

1. Legierungen, die aus einem mechanischen Gemenge von Kristallen der beiden Komponenten bestehen, zeigen thermoelektrische Kräfte, die sich nach der Mischungsregel aus denen der Bestandteile berechnen lassen.

2. Bei Legierungen, die als feste Lösungen anzusehen sind, oder solche enthalten, weicht die thermoelektrische Kraft meist erheblich ab von dem unter 1. bezeichneten linearen Verlauf. Die Gestalt der Kurve, welche die Thermokraft als Funktion der Zusammensetzung angibt, ähnelt sehr der entsprechenden Kurve für die Leitfähigkeit.

3. Für Legierungen von Metallen, welche Verbindungen eingehen, zeigen sich für die der Verbindung entsprechende Zusammensetzung ausgezeichnete Punkte im Verlauf der Thermokraft. Die Verbindungen können ihrerseits wieder feste Lösungen oder nur Gemenge mit den Komponenten bilden. Je nachdem bestimmt sich der Verlauf der Thermokraft durch den Satz 2. oder 1.

---

[1]) Zeitschr. f. anorgan. Chem. **67**, 65 (1910). — [2]) Ann. d. Phys. (4) **32**, 291 (1910).

Die drei typischen Fälle sind in Fig. 13 an den Beispielen der Legierungen von Sn und Cd (nicht mischbar), von Au und Ag (in jedem Verhältnis löslich) und von Sb und Te (mit der Verbindung Sb_2Te_3) wiedergegeben, letztere in $^1/_5$ des Maßstabes

Fig. 18.

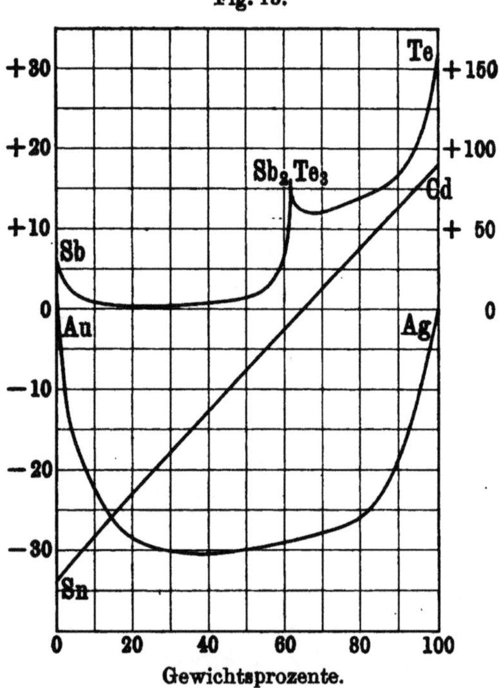

der anderen. Ordinaten sind die mittleren Thermokräfte zwischen 0 und 100°, gegen Kupfer gemessen in $^1/_{10}$ Mikrovolt (links) für Sn, Cd und Au, Ag, in Mikrovolt (rechts) für Sb, Te. Thermokräfte einiger praktisch wichtigen Legierungen sind in Tabelle VII und X gegeben.

Auffallend große, sowohl positive wie negative thermoelektrische Kräfte zeigen die Verbindungen der Metalle mit Schwefel, Sauerstoff usw. In Tabelle XI sind einige neuere solche Werte zusammengestellt. Nur solche Angaben können hier als zuverlässig gelten, bei denen die gleichzeitige Untersuchung der Leitfähigkeit das benutzte Material charakterisiert, was bei den älteren Messungen meist nicht der Fall ist.

Tabelle XI [1]).

Thermokräfte einiger Metallverbindungen gegen Kupfer, in Mikrovolt pro Grad, bei etwa + 50°.

Magnetkies, ‖-Achse . .	+ 23	Eisenglanz	— 473
Pyrit	— 129	Kupfersulfid	— 6,9
Manganit, ‖-c-Achse .	— 190	Kupferoxydul	+ 500
Magnetit	— 55	Cadmiumoxyd	+ 30
Molybdänglanz, ⊥-Achse	— 727		

Bei der praktischen Verwendung der Thermoelemente zur Thermometrie kommen zwei Zwecke in Frage: Die Messung sehr kleiner Temperaturdifferenzen oder die sehr hoher, eventuell auch sehr niedriger Temperaturen. Danach wird sich die Auswahl des Thermoelements richten. Während man im ersten Falle ein möglichst empfindliches Paar, also mit großer Differenz der α wählt, wird im zweiten ein möglichst linearer Verlauf der elektromotorischen Kraft, also (relativ) kleine Differenz der β erwünscht sein. Außerdem werden in beiden Fällen leicht zu bearbeitende, nicht brüchige Materialien, die temperaturbeständig sind und einen kleinen oder von der Temperatur unabhängigen Widerstand haben, den Vorzug verdienen. Von den bisher untersuchten Elementen werden diese Bedingungen am besten erfüllt für die Messung von Temperaturdifferenzen durch das Paar Konstantan—Kupfer oder Silber, für die hohen Temperaturen durch das Le Chateliersche Element Platin—Platinrhodium (bis 1400°), für die niedrigen auch Kupfer—Konstantan. Die beiden letzteren kommen geeicht in den Handel [2]). Das früher viel benutzte Element Wismut—Antimon weist außer seiner großen und ziemlich konstanten Thermokraft keine besonderen Vorzüge auf und wird daher jetzt nicht mehr viel verwendet.

Einfluß des Druckes auf die thermoelektrische Kraft.

Der Einfluß äußerer Einwirkungen der verschiedensten Art — wie Spannung, Biegung, Härtung — auf die thermoelektrische

---

[1]) Die meisten Angaben nach Koenigsberger, Phys. Zeitschr. 10, 956 (1909). — [2]) Z. B. durch Siemens u. Halske, Akt.-Ges.

Stellung eines Metalls ist häufig, doch nicht mit einfachen und übersichtlichen Ergebnissen untersucht worden. Der einzige Fall, bei dem absolute und reproduzierbare Resultate vorliegen, ist die Messung thermoelektrischer Kräfte unter Druck. Des Coudres[1]) zeigte 1891, daß gedrücktes Quecksilber thermoelektrisch erregbar ist gegen ungedrücktes und maß die Größe dieser Wirkung; diese Tatsache ist inzwischen mehrfach bestätigt und auch an anderen Metallen festgestellt worden. Das Schema des Versuchs zeigt Fig. 14. Der Metalldraht befinde sich mit seiner linken

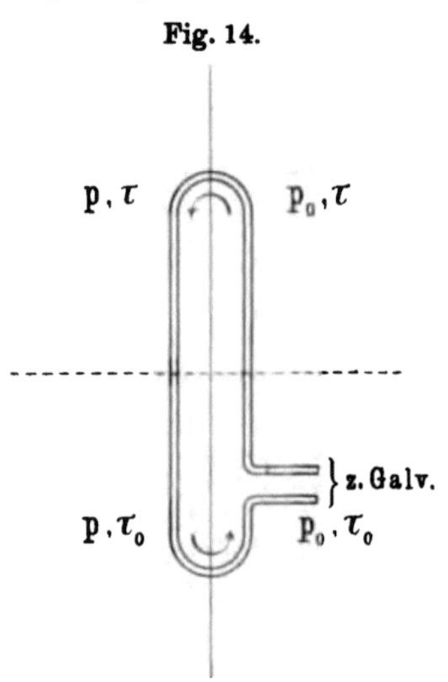

Hälfte unter hohem, rechts unter Atmosphärendruck, seine obere Hälfte werde erwärmt, die untere habe Zimmertemperatur oder 0⁰. Es tritt dann in ihm eine elektromotorische Kraft auf, deren Größe durch Einschaltung des Galvanometers zwischen zwei gleichtemperierte und unter gleichem Druck befindliche Punkte, also im allgemeinen praktisch im rechten unteren Quadranten des Schemas, gemessen wird. Man sieht aus dem Schema auch ohne weiteres, daß es keinen Einfluß auf das Meßergebnis haben kann, wenn die bogenförmigen Metallstücke, die den Übergang aus den gedrückten in den ungedrückten Raum bilden, nicht aus dem Versuchsmaterial, sondern aus einem beliebigen Metall bestehen, denn sie befinden sich ganz in Räumen konstanter Temperatur. Dies ist natürlich für die Praxis der Beobachtungen wesentlich.

Zur Darstellung der Messungsergebnisse genügte in weiten Druck- und Temperaturgrenzen (bis 1400 Atm., bis 150⁰) der einfachst mögliche Ansatz für die elektromotorische Kraft, nämlich:

$$E = \gamma \cdot p \cdot \tau,$$

es besteht also Proportionalität mit dem wirkenden Druck- und Temperaturunterschied. Wird E in Mikrovolt, p in kg/qcm, τ in Celsiusgraden gemessen, so ergibt sich z. B. für Quecksilber

---

[1]) Wied. Ann. **43**, 673 (1891).

$\gamma = 2{,}18 \cdot 10^{-4}$. Bei den größten erreichten Drucken und Temperaturen resultieren also bloß etwa 50 Mikrovolt, so daß die Messung sehr empfindliche Anordnungen verlangt. In Tabelle XI, über einige solcher γ-Werte — hauptsächlich nach **Wagner**[1] —, bedeutet positives Vorzeichen einen Richtungssinn, wie der Pfeil in der Figur, also an der kalten Seite zum ungedrückten Metall hinfließender Strom.

Tabelle XII.
Wirkung des Druckes auf die thermoelektrische Kraft.

	γ		γ
Magnesium . .	$- 8{,}9 \cdot 10^{-6}$	Eisen	$+ 12{,}5 \cdot 10^{-6}$
Manganin . . .	$- 8{,}5 \cdot 10^{-6}$	Platin	$+ 18{,}6 \cdot 10^{-6}$
Zinn	$- 0{,}95 \cdot 10^{-6}$	Palladium . . .	$+ 23{,}7 \cdot 10^{-6}$
Aluminium . .	$- 0{,}59 \cdot 10^{-6}$	Konstantan . . $\Big\{$	$+ 31{,}1 \cdot 10^{-6}$
Kupfer	$+ 3{,}2 \cdot 10^{-6}$		$+ 26{,}4 \cdot 10^{-6}$
Gold	$+ 4{,}6 \cdot 10^{-6}$	Cadmium . . .	$+ 36{,}3 \cdot 10^{-6}$
Blei	$+ 5{,}6 \cdot 10^{-6}$	Zink	$+ 40 \cdot 10^{-6}$
Silber	$+ 8{,}7 \cdot 10^{-6}$	Quecksilber . .	$+ 234 \cdot 10^{-6}$
Nickel	$+ 9{,}6 \cdot 10^{-6}$	Wismut	$+ 707 \cdot 10^{-6}$

Eine ersichtliche Beziehung dieser Zahlen zu anderen Eigenschaften (z. B. Thermokraft, Kompressibilität) war nicht aufzufinden.

Der Effekt von Peltier.

Die Messung des **Peltier**schen Effekts und ganz besonders des **Thomson**schen gehört zu den schwierigsten Aufgaben aus dem in diesem Buche behandelten Gebiete. Die Fortführung eines Teiles der erzeugten Wärmemengen durch den Leiter selbst und die Schwierigkeit der reinen Trennung von der Joulewärme bilden die hauptsächlichsten Fehlerquellen.

Für die **Peltier**wärme zunächst ergeben alle Beobachtungen, daß die in der Berührungsstelle zweier metallischer Leiter erzeugte Wärmemenge stets proportional ist der hindurchgegangenen Elektrizitätsmenge. Wenn wir sie schreiben:

$$W_{\text{Peltier}} = \varPi \cdot i \cdot t \quad\quad\quad\quad (1)$$

---

[1] Ann. d. Phys. (4) **27**, 955 (1908); **Hörig**, daselbst **28**, 371 (1909).

so ist Π der bei jeder Beobachtung zu bestimmende Faktor, den wir ausdrücken werden in Grammkalorien pro Coulomb oder für theoretische Zwecke in Erg pro elmag. CGS-Einheit, also pro 10 Coulomb. Die Gleichung (1) verlangt auch die von der Beobachtung bestätigte Tatsache, daß die Peltierwirkung bei Umkehrung des Stromes i ihr Vorzeichen wechsle. Dies gibt die Möglichkeit, diese Wirkung grundsätzlich von der Joulewärme abzutrennen, die ja unabhängig ist von der Stromrichtung. Jahn[1]), der die entwickelten Wärmemengen im Eiskalorimeter maß, ließ zu diesem Zwecke einen gemessenen Strom eine bestimmte Zeitlang im einen,

Fig. 15.

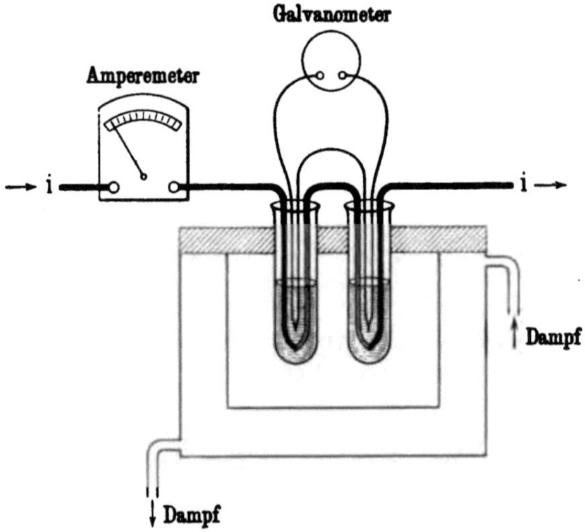

Schema der Messung des Peltiereffekts.

dann ebenso lange im anderen Sinne durch die Lötstelle fließen. Die Differenz der in beiden Fällen erzeugten Wärmen

$$(W_{\text{Joule}} + W_{\text{Peltier}}) - (W_{\text{Joule}} - W_{\text{Peltier}})$$

lieferte ihm die doppelte Peltierwärme. Grundsätzlich wohl noch richtiger ist die in Fig. 15 skizzierte Anordnung von Battelli[2]), bei der derselbe Strom die in zwei Kalorimetern stehenden ganz

---

[1]) Wied. Ann. **34**, 755 (1888). — [2]) Rend. Acc. Linc. (4a) **5**, 631 (1889). Deutsch in Physik. Revue **2**, 546 u. 713. Stuttgart 1892. In der Bestimmung des Vorzeichens der Wärmemengen ist ein durch die ganze Arbeit gehender Fehler enthalten.

gleichartigen Lötstellen in verschiedenem Sinne durchläuft und bei der durch ein Thermoelement nur die Differenzen der Kalorimetertemperaturen gemessen werden. Battelli konnte mit seinem Apparat Messungen zwischen 0 und $+200^0$ anstellen. Cermak[1], der die letzten Messungen über den Peltiereffekt ausgeführt hat, kam bis 560^0, ohne indes wohl Battelli an Genauigkeit ganz zu erreichen.

Das Hauptinteresse aller auf diesem Gebiete erhaltenen Resultate liegt im Vergleich mit den thermoelektrischen Kräften. Die meisten Beobachter haben daher gleichzeitig an ihren Elementen beide Erscheinungen gemessen, die älteren oft sogar nur relativ. Wir werden daher spezielle Resultate ausführlicher erst im folgenden Abschnitt angeben, wo dieser Vergleich theoretisch behandelt wird und geben nur eine Übersicht über einige Peltiereffekte in Tabelle XIII. Der Strom ist immer in der Pfeilrichtung fließend gedacht; positives Vorzeichen bedeutet Erwärmung.

Tabelle XIII.

Peltierkoeffizienten einiger Thermopaare nach neueren Messungen.

	Temperatur ^{0} C	Peltierkoeffizienten in		Thermokraft in Mikrovolt[2]
		Millikalorien pro Coulomb	Erg pro elmag. CGS	
Cu → Ag	0	0,137	0,0576 . 10^6	2,12
Fe → Konstantan	0	3,4	1,42 . 10^6	(47,7)
	100	4,1	1,72 . 10^6	(50,7)
	200	5,5	2,31 . 10^6	(53,7)
Pb → Konstantan	0	1,90	0,80 . 10^6	27,1
	100	2,73	1,14 . 10^6	33,5
	200	3,6	1,51 . 10^6	39,9
	300	4,4	1,84 . 10^6	46,3
Cd → Pb	0	0,197	0,082 . 10^6	3,03
	100	0,390	0,163 . 10^6	4,48
	200	0,646	0,271 . 10^6	5,93
Cu → Ni	0	1,9	0,80 . 10^6	(27)
	100	2,2	0,92 . 10^6	(30)
	etwa 220	2,5 (Max.)	1,05 . 10^6	(34)
	etwa 340	1,9 (Min.)	0,80 . 10^6	(23)
	450	2.4	1,00 . 10^6	(25)

[1] Ann. d. Phys. (4) **24**, 351 (1907); **26**, 521 (1908). — [2] Nur die nicht eingeklammerten Zahlen sind am gleichen Material gemessen wie die Peltierkoeffizienten.

Als allgemeines Beobachtungsresultat soll vorläufig noch folgender Satz angeführt werden:

Die Peltierwärme einer Kombination A, B ist gleich der Summe der Peltierwärmen zweier Kombinationen A, C und C, B. Es ist also gleichgültig, ob man die zu messenden Metalle direkt zur Berührung bringt oder verlötet. Hierin liegt eine vollständige Analogie mit den Thermokräften (siehe S. 62).

Der Thomsoneffekt.

Für die Thomsonwärmen hat sich der einfachste, schon von ihrem Entdecker gegebene Ansatz

$$(2) \ \ldots \ldots \ldots \ldots \quad W_{\text{Thomson}} = \sigma \cdot \frac{d\tau}{dx} \cdot i \cdot t$$

stets als ausreichend erwiesen. Er sagt aus, daß die in einem Kubikzentimeter des Leiters (außer der Joulewärme) erzeugte Wärmemenge proportional ist dem dort herrschenden Temperaturgefälle $\dfrac{d\tau}{dx}$ und der hindurchgehenden Elektrizitätsmenge $i \cdot t$. Der Faktor σ (der stets Temperaturfunktion ist!) ist also die dem Leiter eigentümliche Konstante, die eigentlich zu messen ist. Sie kann positiv oder negativ sein, und wir wollen mit Kelvin positives Vorzeichen für die Fälle einführen, in denen ein von höheren zu tieferen Temperaturen hinfließender Strom eine Erwärmung hervorruft.

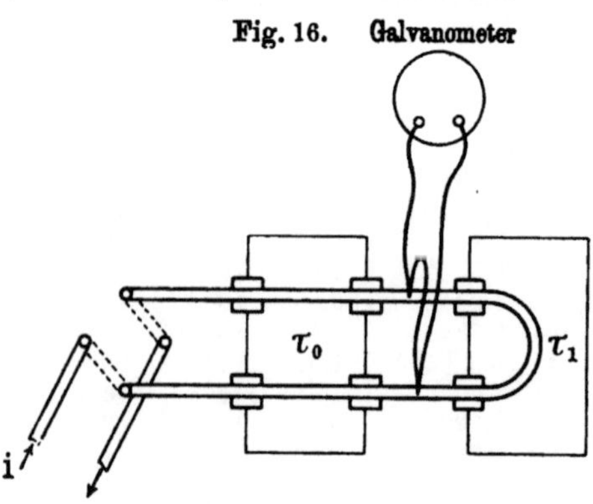

Messung des Thomsoneffekts.

Wieder gibt die Umkehrung des Effektes bei Umkehr des Stromes die Möglichkeit, für die Beobachtung die Joulewärme auszuschalten. Die Methode, nach der die meisten Beobachter das ausgeführt haben, rührt im Prinzip von Le Roux[1] her. Die

---

[1] Ann. chim. phys. (4) **10**, 201 (1867).

Schaltung ist schematisch in Fig. 16 wiedergegeben. Derselbe Strom i durchtritt den Leiter an zwei Stellen von gleichem Temperaturgefälle, gleicher Temperatur und gleichem Querschnitt in umgekehrtem Sinne. Durch die dort angelegten Lötstellen eines Thermoelements wird die durch den Strom in bestimmter Zeit erzeugte Temperaturdifferenz der beiden Leiterteile gemessen. Vorsichtshalber kann man das Temperaturgefälle im Leiter noch extra durch zu beiden Seiten angebrachte Thermoelemente messen. Zur Bestimmung der Wärmemenge ist dann noch die Kenntnis der Wärmekapazität des Leiters erforderlich, die man in der Versuchsanordnung selbst erhält, indem man die Temperaturerhöhung durch eine gemessene Joulewärme allein bestimmt. Man tut dies, indem man unter Beibehaltung der Temperatur τ die Temperatursteigerung beobachtet, die im Leiter allein eintritt, wenn kein Temperaturgefälle, also keine Thomsonwärme da ist.

Nach dieser Methode mit kleinen Abänderungen haben Battelli[1]), Schoute[2]), Lecher[3]) und Berg[4]) den Effekt gemessen. Etwas anders ist das Verfahren von Hall[5]), das gleichfalls noch prinzipielles Interesse hat. Hier wird nicht die an einer Stelle des Leiters erzeugte Wärme, sondern die gesamte Wärme gemessen, die zwischen zwei Querschnitten des Leiters entsteht, deren Temperaturen τ_1 und τ_2 sind. Nach dem Ansatz (2) ist diese

$$\int_{x_1}^{x_2} \sigma \cdot i \cdot t \cdot \frac{d\tau}{dx}\, dx = it \int_{\tau_1}^{\tau_2} \sigma\, d\tau,$$

und wir sehen, daß diese Gesamtwärme nicht von der Art des Temperaturgefälles, sondern nur von den Endtemperaturen abhängt. Hall bestimmte aus Temperaturgefälle und Wärmeleitfähigkeit die Wärmemengen, die in einem elektrisch durchströmten Leiter ein und aus ihm austreten, wenn seine Enden auf verschiedenen Temperaturen gehalten wurden. Die Elimination der Joulewärme erfolgt auch hier durch Stromumkehr. Das Resultat ist natürlich ein Mittelwert des σ über den Temperaturbereich des Stabes. Nur Eisen wurde untersucht.

---

[1]) Siehe Phys. Revue **2**, 722 (1888). — [2]) Arch. Néerl. Sect. II **12**, 175 (1907). — [3]) Ann. d. Phys. (4) **19**, 853 (1906). — [4]) Daselbst **32**, 477 (1910). — [5]) Contrib. Jefferson Lab. **4**, Nr. 12 (1906).

Auch beim Thomsoneffekt hat bis jetzt die Zusammenstellung mit den Beobachtungen über thermoelektrische Kraft und Peltierwirkungen, die im nächsten Abschnitt gegeben wird, das Hauptinteresse. Wir geben daher hier nur die Übersichtstabelle XIV über einige absolute Bestimmungen. Es sei hervorgehoben, daß Quecksilber eine bemerkenswert hohe Zahl ergibt; die gelegentlich früher aufgestellte Meinung, daß der Thomsoneffekt nur auf Strukturunterschiede des festen Materials, d. h. auf eine Art inneren Peltiereffekt zurückzuführen sei, wird dadurch hinfällig. Ferner ist es wichtig, festzustellen, daß das Blei nach Übereinstimmung der verschiedenen Beobachter einen Effekt zeigt, der, wenigstens für mittlere Temperaturen, merklich gleich Null ist.

Tabelle XIV.
Thomsonkoeffizienten einiger Metalle.

	Temperatur °C	Thomsonkoeffizienten in		Beobachter
		Mikrokal. [1] pro Coulomb	Erg pro elm. CGS-Einh.	
Quecksilber . .	+ 50	1,62	6,8 . 10^2	Schoute
„ . .	+ 100	2,05	7,6 . 10^2	„
„ . .	+ 150	2,50	10,6 . 10^2	„
Kupfer	— 100	0,22	0,9 . 10^2	Berg
„	0	0,38	1,6 . 10^2	„
„	+ 100	0,48	2,0 . 10^2	„
„	+ 300	0,50	2,1 . 10^2	Lecher
„	+ 500	0,63	2,6 . 10^2	„
Silber	+ 100	0,82	3,46 . 10^2	„
„	+ 300	1,00	4,20 . 10^2	„
„	+ 500	1,18	4,95 . 10^2	„
Platin	— 50	— 2,25	— 9,4 . 10^2	Berg
„	0	— 2,18	— 9,1 . 10^2	„
„	+ 50	— 2,15	— 9,0 . 10^2	„
„	+ 100	— 2,18	— 9,1 . 10^2	„
Eisen	0	— 0,96	— 4,0 . 10^2	„
„	+ 100	— 2,96	— 12,4 . 10^2	„
„	+ 100	— 3,30	— 13,8 . 10^2	Lecher
„	+ 200	— 4,00	— 16,8 . 10^2	„
„	+ 300	— 3,40	— 14,2 . 10^2	„
„	+ 400	— 1,80	— 7,5 . 10^2	„
Konstantan . .	0	— 5,50	— 23,0 . 10^2	„
„ . .	+ 200	— 4,75	— 19,9 . 10^2	„
„ . .	+ 400	— 3,28	— 13,7 . 10^2	„

[1] Gleich 10^{-6} Grammkalorien.

Thermodynamische Behandlung der thermoelektrischen Erscheinungen.

Insofern bei den thermoelektrischen Erscheinungen stets eine Umwandlung der zwei Energieformen Wärme und Elektrizität ineinander stattfindet, muß der erste Hauptsatz der Wärmelehre immer durch die Ergebnisse der Beobachtung bestätigt werden; da diese Umwandlung stets bei verschiedenen Temperaturen stattfindet, muß auch der zweite Hauptsatz anwendbar sein.

Die Frage nach dem Ursprung der elektrischen Energie eines Thermoelements wurde schon von Helmholtz in der „Erhaltung der Kraft" erörtert. Er führte sie auf den Peltiereffekt zurück. Da der Thomsoneffekt erst neun Jahre danach bekannt wurde, und die damaligen Beobachtungen des Peltiereffekts noch zu mangelhaft waren, um den Vergleich zu ermöglichen, nimmt es nicht wunder, daß die Helmholtzsche Meinung nur einen Teil der Wahrheit darstellt. Unter vollständiger Beibehaltung seines Gedankenganges werden wir jetzt sagen, daß für ein geschlossenes und in einer wärmeundurchlässigen Hülle untergebrachtes Thermoelement die von der Thermokraft geleistete elektrische Arbeit gleich sein muß dem Gesamtwärmeverlust des Systems, also dem Überschuß aller negativen über alle positiven Peltier- und Thomsonwärmen. Meist wird ja auch die elektrische Arbeit schließlich wieder dem Element in Form von Joulewärme zugeführt, doch in einer zufälligen, durch den Widerstand bestimmten Verteilung, die für die Energiebetrachtung indifferent ist.

Wir denken uns den durch die Thermokraft eines Thermoelements (siehe Fig. 17) hervorgebrachten Strom eine sehr kurze Zeit zirkulieren, so daß eine so kleine Elektrizitätsmenge dq durch den Leiter passiert, daß die Peltier- und Thomsonwärmen eine merkliche Temperaturveränderung, also Änderung der Thermokraft, nicht hervorrufen. Die elektrische Arbeit $E\,dq$, wie auch die Peltier- und Thomsonwärmen sind dann alle mit dq proportional und wir können auf die Elektrizitätsmenge 1 bezogen schreiben:

$$E = \varPi_\tau - \varPi_0 + \int_0^\tau \sigma_B\,d\tau - \int_0^\tau \sigma_A\,d\tau.$$

Denn wenn wir π für die Stromrichtung AB positiv rechnen, so tritt bei τ^0 infolge der dort umgekehrten Stromrichtung eine negative Peltierwärme auf, und wenn wir σ für die Stromrichtung von τ nach 0, also in A positiv rechnen, so ist es für den Leiter B negativ. Alle Wärmen aber sind rechts mit umgekehrtem Vorzeichen einzuführen. Wir schreiben die Gleichung in der Form

$$(1) \quad \ldots \ldots \quad E = \Pi_\tau - \Pi_0 + \int_0^\tau (\sigma_B - \sigma_A)\, d\tau$$

und haben damit die Energiebilanz eines Thermoelements aufgestellt, die stets zutreffen muß. Abweichungen davon können nur durch Mängel der Beobachtung ihre Erklärung finden, wie Kelvin bereits bei der ersten Aufstellung der Gleichung hervorhob.

Es sind leider nur wenige Thermoelemente hinreichend vollständig untersucht, um an der Gleichung (1) geprüft werden zu können. Auch wird es stets sehr wesentlich sein, daß möglichst die drei Beobachtungen von E, Π, σ an denselben Metallstücken vorgenommen werden, da die Materialunterschiede sonst den ganzen Vergleich illusorisch machen können. Vollständig durchgeführte Beispiele eines Eisen—Silber- und eines Konstantan—Kupfer-Elements gab Lecher[1]). Wir benutzen die in der Tabelle XIII gegebenen Daten über das von Battelli untersuchte Element Blei—Cadmium für die Temperaturen 0 und 100°. Die elektromotorische Kraft dieses Elementes fand Battelli an seinen (zweifellos nicht ganz reinen) Materialien zu

$$E = 303\,\tau + \frac{1}{2} \cdot 1{,}45\,\tau^2,$$

also in dem Intervall 0 und 100° zu

$$E = 37\,500 \quad \text{elmag. CGS-Einheiten.}$$

Der Peltiereffekt war bei $\quad$ 0° $1{,}97 . 10^{-8}$ gr-Kal. pro 10 Coulomb

$\quad$ „ $\quad\quad$ „ $\quad\quad$ „ $\quad$ „ 100° $3{,}90 . 10^{-8}$ $\quad\quad$ „ $\quad$ „ $\quad$ „ $\quad$ „

also $\Pi_{100} - \Pi_0 = 1{,}93 . 10^{-8}$ gr-Kal. pro 10 Coulomb.

Nach Battellis Angaben können wir weiter setzen den Thomsonkoeffizienten

$\quad\quad$ im Pb $= 0{,}0433 . 10^{-8}\, T$ gr-Kal. pro 10 Coulomb

$\quad\quad$ „ $\,$ Cd $= 3{,}678 \;.10^{-8}\, T$ $\quad$ „ $\quad\quad$ „ $\quad$ „ $\quad$ „

also $\sigma_{\text{Pb}} - \sigma_{\text{Cd}} = -\, 3{,}635 \;.10^{-8}\, T$ gr-Kal. pro 10 Coulomb.

[1]) Ann. d. Phys. (4) 20, 483 u. 492 (1906).

Das gesuchte Integral schreiben wir unter Einführung absoluter Temperaturen:

$$\int_{273}^{373} (\sigma_{Pb} - \sigma_{Cd})\, dT = -\int_{273}^{373} 3{,}635 \cdot 10^{-8} \cdot T\, dT$$

$$= -\frac{1}{2}\, 3{,}635 \cdot 10^{-8}\, (373^2 - 273^2)$$

$$= -1{,}17 \cdot 10^{-3}\ \text{gr-Kal. pro 10 Coulomb.}$$

Mithin wird die Summe aller Wärmen

$$1{,}93 \cdot 10^{-3} - 1{,}17 \cdot 10^{-3} = 0{,}76 \cdot 10^{-3}\ \text{gr-Kal.},$$

oder in Erg, durch Multiplikation mit $4{,}19 \cdot 10^7$,

$$W = 31\,800\ \text{Erg.}$$

Die verhältnismäßig schlechte Übereinstimmung zwischen W und E wird hauptsächlich auf die Ungenauigkeit der Bestimmung der Thomsonwärmen zurückzuführen sein.

Es sei noch insbesondere bemerkt, daß in speziellen Fällen die ganze elektrische Energie nur der Peltierwärme oder auch nur der Thomsonwärme entstammen kann. Einmal kann ja die mittlere Thomsonwärme der beiden Metalle im Beobachtungsintervall gleich sein, so daß in (1) das Integral wegfällt; zweitens wird, da die Peltierwärme mindestens eine Funktion zweiten Grades ist, bei irgend einem Thermopaar im allgemeinen zu jeder Temperatur eine zweite gefunden werden können, für die Π den gleichen Wert hat, so daß für diese zwei Temperaturen in (1) bloß das Integral stehen bleibt.

Wir wollen den Energiesatz schließlich noch für ein Thermoelement ansetzen, dessen Lötstellen eine nur um $d\tau$ verschiedene Temperatur haben. Aus Gleichung (1) wird dann

$$\frac{dE}{d\tau}\, d\tau = \frac{d\Pi}{d\tau}\, d\tau + (\sigma_B - \sigma_A)\, d\tau$$

oder, unter Einführung der thermoelektrischen Kraft pro Grad Temperaturdifferenz

$$e = \frac{d\Pi}{d\tau} + \sigma_B - \sigma_A \quad \ldots \ldots \ldots \quad (1')$$

und diese Gleichung wird natürlich für jede beliebige Temperatur gelten, da die Wahl der einen Temperatur als 0^0 eine willkürliche Konvention war.

Schreiben wir (1′) noch in der Form

$$\frac{d}{d\tau}(E - \Pi) = \sigma_B - \sigma_A,$$

so erscheint die Differenz der Thomsonwärmen nur als Temperaturkoeffizient der Differenz aus elektromotorischer Kraft und Peltiereffekt. Da diese Formulierung keine Hypothese zur Voraussetzung hat, so folgt, daß die direkte Beobachtung der Thomsonwärme nur an einem einzigen Metall und für eine Temperatur zu erfolgen braucht, um für alle übrigen aus der Differenz und der obigen Gleichung berechenbar zu sein. Im übrigen hat die Bestimmung selbständigen Wert nur für die Fälle, wo etwa $\frac{d\Pi}{d\tau}$ nicht hinreichend gut beobachtbar ist, was allerdings wohl meist der Fall ist.

Der zweite Hauptsatz der Wärmelehre sagt aus, daß bei jedem Prozeß, der sich zwischen mehreren Temperaturen abspielt, das Aggregat

$$(2) \quad \ldots \ldots \ldots \ldots \quad \sum \frac{q}{T} \leqq 0$$

sein soll, wo q die vom System bei den absoluten Temperaturen T aufgenommenen Wärmemengen sind, und wo das Gleichheitszeichen für den Fall der Reversibilität gilt. Lord Kelvin wandte diesen Satz 1856 zuerst auf die Thermoelektrizität an. Nach seinem Vorgange wollen wir unter den q die Peltier- und Thomsonwärmen verstehen, mit positivem Vorzeichen für die Stellen, wo Abkühlung stattfindet, mit negativem da, wo Wärme frei wird. Es muß nun eigentlich auch die Joulewärme noch in die Rechnung einbezogen werden. Da sich aber bei sehr kleinen Strömen im Grenzfall die ganze elektrische Energie prinzipiell in Arbeit verwandeln lassen würde, ohne daß der thermoelektrische Prozeß beeinflußt wird, so kann man für den Idealfall von der Joulewärme absehen.

Aus der Gleichung (2) lassen sich nun zunächst nur für den Fall der Reversibilität zahlenmäßige Resultate entnehmen. Da aber nun bei Thermoelementen der irreversible Vorgang der Wärmeleitung nie zu vermeiden ist, so kann hier die Annahme der Reversibilität für den ganzen Vorgang bedenklich erscheinen. Mit Kelvin führen wir sie gleichwohl, zunächst hypothetisch, ein, da sie zweifellos die einfachst mögliche Annahme darstellt. Es wird sich herausstellen, wie hier vorweggenommen sei, daß in der Tat keine der zu ziehenden Folgerungen mit den bisherigen Beobachtungen mit Sicherheit in Widerspruch ist, und daß außerdem einige Ergebnisse dieser Betrachtungsweise auch ohne die Annahme der Reversibilität beweisbar sind.

Für ein Thermoelement, dessen Lötstellen sich auf den absoluten Temperaturen T_1 und T_2 befinden, wo $T_2 > T_1$, können wir die Ungleichung (2) schreiben:

$$\frac{\Pi_2}{T_2} - \frac{\Pi_1}{T_1} + \int_{T_1}^{T_2} \frac{\sigma_B}{T} \, dT - \int_{T_1}^{T_2} \frac{\sigma_A}{T} \, dT \leqq 0.$$

Diese Gleichung ist schon mit den Daten der früheren Tabellen prüfbar. Einfacher wird die Aufgabe, wenn wir wieder nur unendlich wenig verschiedene Temperaturen T und $T + dT$ ins Auge fassen. Es wird dann

$$\frac{d}{dT}\left(\frac{\Pi}{T}\right) dT + \frac{\sigma_B}{T} \, dT - \frac{\sigma_A}{T} \, dT \leqq 0$$

oder einfacher und nur für den Fall der Reversibilität:

$$\frac{d}{dT}\frac{\Pi}{T} + \frac{\sigma_B - \sigma_A}{T} = 0 \quad \cdots \cdots \quad (2')$$

Wir stellen diese Gleichung mit der Differentialform $(1')$ des ersten Hauptsatzes zusammen, welche lautet:

$$\frac{d\Pi}{dT} + \sigma_B - \sigma_A = e \quad \cdots \cdots \quad (1')$$

Aus diesen zwei Gleichungen können wir einmal $\sigma_B - \sigma_A$, einmal Π eliminieren, und erhalten so zwei weitere Beziehungen, welche einmal nur die Peltierwärme, einmal nur die Thomsonwärme mit der Thermokraft verbinden. Setzen wir nämlich $\sigma_B - \sigma_A$ aus $(1')$ in $(2')$ ein, so ergibt sich nach einfacher Umformung

$$e = \frac{\Pi}{T} \quad \cdots \cdots \cdots \quad (3)$$

Diese Gleichung kann wieder direkt in $(2')$ eingeführt werden und liefert

$$\frac{de}{dT} = \frac{\sigma_A - \sigma_B}{T} \quad \cdots \cdots \quad (3')$$

6

Es sei hervorgehoben, daß von den drei Gleichungen (2'), (3) und (3'), die die Größen Π, $\sigma_A - \sigma_B$, e jeweils paarweise miteinander verbinden, immer nur eine an der Erfahrung geprüft werden darf, wenn es sich um die Frage der Umkehrbarkeit handelt; die beiden anderen müssen dann stets gleichzeitig mit ihr zutreffen oder versagen. — Gäbe es keine Thomsonwärmen, so würde statt (3') auf dem gleichen Wege gefunden werden $\dfrac{de}{dT} = 0$, also $e = const$, und schließlich $E = const\,(T - 273)$. Das Nichtzutreffen dieser Gleichung war der Anlaß der Entdeckung des Thomsoneffekts.

Wir hatten früher (S. 64) die thermoelektrische Kraft e in Annäherung als lineare Temperaturfunktion

$$e = \alpha + \beta \tau$$

dargestellt. Im Gültigkeitsbereich dieser Annäherung werden die Gleichungen (3) und (3'), jetzt unter Einführung von Celsius-Temperaturen, lauten:

$$(3'') \quad\cdots\cdots\cdots \begin{cases} \alpha + \beta \tau = \dfrac{\Pi}{273 + \tau} \\[2mm] \beta = \dfrac{\sigma_A - \sigma_B}{273 + \tau} \end{cases}$$

und ihre Prüfung wird bequem in dieser Form erfolgen können. Wählt man, wie in der Tabelle S. 66, wieder Blei als Vergleichsmetall B, so wird noch $\sigma_B = 0$, und die Koeffizienten β jedes Metalls können direkt mit seiner Thomsonwärme verglichen werden.

Wir geben zunächst noch zwei Folgerungen allgemeiner Art aus der Anwendung des zweiten Hauptsatzes.

1. Die Formel (3) zeigt, daß der Peltiereffekt zu Null werden muß bei der Temperatur, wo e verschwindet, wo also E, die elektromotorische Kraft des Thermopaares, ihr Maximum hat, d. h. für $\tau = -\dfrac{\alpha}{\beta}$. Diese experimentell häufig bestätigte Folgerung kann, wie Lecher[1]) an einem speziellen Beispiel zeigte, direkt aus der Forderung bewiesen werden, daß Wärme nicht spontan von niederer zu höherer Temperatur übergeht. Sie ist also nicht von der Annahme der Reversibilität abhängig.

---

[1]) Phys. Zeitschr. 7, 34 (1906).

2. Wir wollen zwei Thermoelemente miteinander vergleichen, deren eines (A, B) nach Beobachtungsergebnissen die Gleichung (2′), also auch (3) und (3′), befriedigt, während über das andere (A, C) nichts bekannt sei. Dann ist also

$$e_{AB} = \frac{\Pi_{AB}}{T},$$

während für (A, C) und natürlich auch für (C, B) nur gefolgert werden kann

$$e_{AC} \lesseqgtr \frac{\Pi_{AC}}{T} \qquad \text{und} \qquad c_{CB} \lesseqgtr \frac{\Pi_{CB}}{T}.$$

Nun läßt sich aber nach S. 62 e_{AB} zerlegen in $e_{AC} + e_{CB}$, und ebenso nach S. 74 Π_{AB} in $\Pi_{AC} + \Pi_{CB}$. Mithin erhalten wir aus der ersten Gleichung

$$e_{AC} + e_{CB} = \frac{\Pi_{AC}}{T} + \frac{\Pi_{CB}}{T},$$

und diese Gleichung ist nicht mit den $<$-Zeichen bei e_{AC} und e_{CB} verträglich, da die Summe der beiden linken Posten auch kleiner sein müßte als die der rechten. Trifft also die Reversibilität für ein Thermopaar (A, B) zu, so gilt sie für alle, die entweder A oder B enthalten, und nächstdem für alle überhaupt.

Wir wollen nun an einigen Beobachtungsdaten die Gleichungen (3), (3′) und (3″) prüfen. Die ersten Arbeiten auf diesem Gebiete, z. B. von Edlund und von Sundell[1]), lieferten nur den Nachweis, daß für eine größere Zahl von Metallpaaren der Peltiereffekt und die thermoelektrische Kraft einander proportional waren, wenn alle bei derselben Temperatur untersucht wurden. Sie bestätigten also in beschränktem Umfange, nur in relativen Werten, die Gleichung (3). Jahn[1]) gab 1888 den Vergleich in absoluten Angaben für sechs Thermoelemente bei 0° und fand die Beziehung (3) innerhalb seiner Beobachtungsfehler zutreffend. In weiterem Temperaturbereich gab Battelli durch die S. 72 beschriebene Meßmethode eine recht genaue Bestätigung der Gleichung (3). Er bestimmte einerseits den Peltiereffekt als Funktion der Temperatur für sieben Thermopaare, andererseits maß er für dieselben Elemente im gleichen Bereich die Thermo-

---

[1]) Vgl. z. B. Winkelmanns Handbuch, 2. Aufl., Bd. IV, S. 737.

kräfte. Wir stellen den Peltiereffekt nach seinen Angaben in der Form dar:

$$\Pi = T\,(\alpha' + \beta'\tau),$$

und zwar in Erg ausgedrückt; daneben geben wir die aus seinen Angaben zu nehmenden Koeffizienten α und β aus

$$e = \alpha + \beta\tau$$

auch in absolutem Maße ausgedrückt. Nach Gleichung (3″) muß dann $\alpha = \alpha'$ und $\beta = \beta'$ werden. Tabelle XV zeigt, daß das recht befriedigend der Fall ist.

Tabelle XV.

	α'	β'	α	β
Bi—Pb	— 1751	— 2,168	— 1722	— 2,126
Fe—Neusilber. .	+ 1997	— 1,223	+ 2000	— 1,235
Fe—Cu	+ 1322	— 4,732	+ 1324	— 4,831
Fe—Al	+ 1099	— 3,641	+ 1148	— 3,861
Zn—Sn	+ 265	+ 2,411	+ 256	+ 2,423
Pb—Cd	— 302	— 1,362	— 303	— 1,452
Bi—Zn	— 2540	— 6,811	— 2510	— 6,896

Leider sind Battellis Materialien nicht so wohldefiniert gewesen, daß Vergleiche mit den Angaben anderer Autoren möglich wären.

Ein bemerkenswertes Ergebnis liefert schließlich noch der Vergleich der von Harrison[1]) angegebenen Thermokräfte des Paares Ni—Cu mit den Beobachtungen von Cermak[2]) über den Peltiereffekt dieser Kombination. Beide zeigen in der Gegend des magnetischen Umwandlungspunktes des Nickels einen eigentümlichen unregelmäßigen Verlauf, und zwar im selben Sinne, wie sich an Hand der Tabelle XIII übersehen läßt. Die quantitative Übereinstimmung zwischen e und $\dfrac{\Pi}{T}$ ist allerdings bei den höheren Temperaturen nicht mehr gut, wie ja aber, da es sich um verschiedene Materialproben handelt, nicht zu verwundern ist.

Die Prüfung der in (3′) aufgestellten Gleichung hat nach S. 82 in den Fällen, wo (3) sich vollständig bestätigt, keinen

---

[1]) Phil. Mag. (6) 3, 177 (1902). — [2]) Ann. d. Phys. (4) 24, 351 (1907).

selbständigen Wert. Es sind aber auch nur für sehr wenig Fälle
alle Daten hinreichend bekannt, um den Vergleich so vollständig
durchführen zu können. Als Beispiel kann uns die schon S. 78
benutzte, von Battelli untersuchte Kombination Blei—Cadmium
dienen. Nach S. 73, Tabelle XIII, war für das Battellische
Material

$$(Cd, Pb) = 303 + 1{,}45\,\tau.$$

Hieraus findet sich also

$$\frac{de}{d\tau} = 1{,}45 \text{ absolute Einheiten.}$$

Ferner nach S. 78

$$\sigma_{Cd} - \sigma_{Pb} = 3{,}635 \cdot 10^{-8} \cdot T \text{ gr-Kal. pro 10 Coulomb}$$
$$= 1{,}52 \cdot T \text{ Erg pro 10 Coulomb,}$$

also

$$\frac{\sigma_{Cd} - \sigma_{Pb}}{T} = 1{,}52 \text{ absolute Einheiten.}$$

Die Bestätigung der Formel (3′) liegt hier sicher innerhalb der
Fehlergrenzen.

Ein etwas umfassenderer Vergleich der Beobachtungen ist
mit Gleichung (3″) möglich. Wir wählen als gemeinsames Vergleichsmetall Blei, und stellen in Tabelle XVI (s. f. S.) direkt die
β-Werte der Tabelle X mit den σ-Werten der Tabelle XIII zusammen. Hier treten zum Teil große Abweichungen auf, weil beide
Versuche meist nicht am gleichen Material angestellt sind.

Die älteren Beobachtungen geben zum Teil noch größere
Abweichungen. Die durch Gleichung (3″) ausgedrückte Tatsache,
daß die Thomsonwärme proportional der absoluten Temperatur
sei, bestätigt sich, wie die dritte Kolumne der Tabelle XVI (a. f. S.)
zeigt nur bei einem Teil der neueren Beobachtungen. Es bedeutet
das wohl nichts anderes, als daß der Avenariussche Ansatz für
die thermoelektrische Kraft eben nur beschränkt gültig ist, und
daß genauere Beobachtungen in diesen Fällen ein entsprechendes
Variieren der β liefern würden. Allgemein kann man wohl sagen,
wie schon S. 81 betont, daß unter den zuverlässigeren Beobachtungen der Peltier- und Thomsonwärmen keine mit Sicherheit den
Kelvinschen Gleichungen (3) und (3′) widerspricht.

Tabelle XVI.

	Temperatur °C	$\frac{\sigma}{T}$	β in CGS	Beobachter bei σ	Beobachter bei β
Quecksilber	50	$+\,2{,}1$	1,73	Schoute	Noll
„	150	$+\,2{,}5$			
Kupfer . . .	0	$+\,0{,}59$	0,8	Berg	„
„	100	$+\,0{,}54$			
Silber . . .	100	$+\,0{,}93$	0,76	Lecher	„
„	300	$+\,0{,}73$			
Platin	0	$-\,3{,}3$	$-\,2{,}1$	Berg	„
„	100	$-\,2{,}4$			
Eisen	$-\,60$	0	$-\,3{,}0$	„	„
„	0	$-\,1{,}46$			
„	$+\,100$	$-\,3{,}32$			
„	$+\,50$	$-\,3{,}17$	$-\,2{,}7$	Hall	Hall
Konstantan .	0	$-\,8{,}4$	$-\,6{,}0$	Lecher	Reichardt
„	$+\,200$	$-\,4{,}2$			

Die Elektronentheorien der Thermoelektrizität.

Die thermodynamische Theorie der Thermoelektrizität lehrt die elektromotorische Kraft eines Thermoelements in eine allgemeine Beziehung setzen zu den beiden Wärmeerscheinungen, welche in ihm auftreten. Dagegen kann sie nichts aussagen über den eigentlichen Sitz der Thermokraft, d. h. über die Frage, ob sie etwa in den Lötstellen oder in den ungleich temperierten Metallstücken ihren Ursprung hat, oder auch in beiden zugleich. Diese weiteren Fragen können nur durch Theorien beantwortet werden, in welchen spezielle, weitergehende Annahmen verfolgt werden; umgekehrt ist es auch wohl nicht wahrscheinlich, daß solche spezielle Theorien allein durch Beobachtung der drei thermoelektrischen Größen bestätigt werden könnten. Zu fordern ist jedenfalls von ihnen, daß sie den Kelvinschen Sätzen (3) und (3') des vorigen Abschnitts genügen, mindestens in dem Umfang, in dem diese bisher durch die Beobachtung bestätigt worden sind.

Solche Theorien sind eine ganze Reihe nacheinander ausgearbeitet worden. Die älteren unter ihnen, die nicht auf der Elektronenlehre beruhen, unterscheiden sich, wie Lecher [1] aus-

---

[1] Ann. d. Phys. (4) **20**, 495 (1906).

geführt hat, wesentlich nur durch die zugrunde gelegte Hypothese über den Sitz der elektrischen Kraft im Thermoelement, die nach F. Kohlrausch nur in den ungleich temperierten Leiterstücken, nach Planck in den Lötstellen sitzt, nach Budde über beide verteilt ist. Die Resultate sind dieselben und gehen nicht über das thermoelektrische Gebiet hinaus.

In den neueren Theorien, auf deren Darstellung wir uns, dem Standpunkte des Buches entsprechend, beschränken wollen, führt die Einführung der Elektronenlehre von selbst zu einer bestimmten Anschauung über die Verteilung der elektrischen Kräfte. In einem System ungleichartiger und verschieden temperierter Leiter, die sich berühren, lassen sich nämlich Potentialdifferenzen voraussehen, einmal an den Berührungsstellen der Leiter, also Kontaktpotentiale, dann in den homogenen Leiterstücken als Folge der Temperaturunterschiede. Die Summe aller dieser Potentialdifferenzen über den geschlossenen Kreis liefert die thermoelektrische Kraft. Fließt ein Elektronenstrom durch ein solches System, so werden als Folgen der Arbeitsleistung der diesen Potentialdifferenzen entsprechenden elektrischen Kräfte Wärmemengen auftreten oder verschwinden, die Peltier- und Thomsonwärmen.

Um diese einzelnen Potentialdifferenzen zu berechnen, sind zwei Wege eingeschlagen worden, die am Beispiel der Kontaktpotentialdifferenz betrachtet werden sollen.

Berühren sich zwei verschiedenartige (gleichtemperierte) Leiter, so werden aus dem Raume größerer Elektronendichte Elektronen in den kleinerer Dichte zufolge der Wärmebewegung hinübertreten. Es tritt dadurch eine negative Ladung des zweiten Körpers auf, die einen weiteren Übertritt schließlich verhindert.

Man kann nun den so eintretenden Zustand als ein dynamisches Gleichgewicht auffassen und das Resultat daraus entnehmen, daß man dem Diffusionsstrom der Elektronen an jeder Stelle der Übergangsschicht von einem zum anderen Leiter einen entgegengesetzt gerichteten Strom unter der Wirkung der entstandenen elektrischen Kraft gleichsetzt[1]). Der Diffusionsstrom, d. i. die Anzahl der pro Sekunde durch die Flächeneinheit des Quer-

---

[1]) Zuletzt ausführlich dargestellt von J. Kunz. Phil. Mag. (6) **16**, 767 (1908).

schnitts tretenden Elektronen, findet sich nach Analogie des S. 50 gegebenen Ausdrucks für die Wärmeströmung aus der kinetischen Gastheorie zu

$$\frac{1}{3}\, v \cdot l \cdot \frac{dn}{dx},$$

worin x die Richtung vom ersten auf den zweiten Leiter hin ist. Entsteht an der betrachteten Stelle infolge des Vorgangs eine elektrische Kraft X, so ist die dadurch hervorgerufene elektrische Strömung nach S. 17

$$j = \varkappa \cdot X = \frac{n\,e^2\,v\,l}{4\,\alpha\,T} \cdot X.$$

Die dabei übertretende Elektronenzahl ist gleich $\frac{j}{e}$, und wenn wir sie gleich der des Diffusionsstromes setzen, so findet sich

$$\frac{1}{3}\, v\,l\, \frac{dn}{dx} = \frac{n\,e\,v\,l}{4\,\alpha\,T}\, X.$$

Hieraus ergibt sich die gesuchte Kontaktpotentialdifferenz V_{AB} als das $\int X\,dx$ erstreckt vom Innern des einen Leiters bis zu dem des anderen, d. h. von der Elektronendichte n_A bis n_B, und zwar wird

$$(1) \quad \ldots \ldots \ldots \quad V_{AB} = \frac{4}{3}\, \frac{\alpha}{e}\, T\, lg\, \frac{n_A}{n_B}.$$

In der Lorentzschen Darstellung (S. 8) ergibt sich auf ähnlichem Wege der Faktor $\frac{2}{3}$ statt $\frac{4}{3}$.

Ein anderer Weg, um zum gleichen Ziel zu kommen, ist der von J. J. Thomson[1]) eingeschlagene. Hier werden die freien Elektronen im Metall wie ein ideales Gas behandelt, dem ein Druck $P = \frac{1}{3}\, n\,m\,v^2$ zugeschrieben werden kann. Aus dem Metall A denken wir uns die einem Mol entsprechende Elektronenmenge $N = \frac{F}{e}$, worin $F = 9647$, entnommen und nach B versetzt. Es fordert dies einmal die elektrische Arbeit $V_{AB} \cdot F$, andererseits ist die Arbeit aufzuwenden, durch welche ein Mol eines idealen Gases von P_A auf P_B gebracht wird, also $R\,T\,lg\,\frac{P_A}{P_B}$.

---

[1]) Korpuskulartheorie der Materie, diese Sammlung Heft 25, S. 71.

Ist Gleichgewicht vorhanden, so müssen die beiden Arbeiten zusammen Null ergeben; aus dieser Bedingung erhält man die Kontaktpotentialdifferenz direkt als

$$V_{AB} = \frac{R}{F} T \, lg \, \frac{P_A}{P_B} = \frac{R}{F} T \, lg \, \frac{n_A}{n_B} \quad \ldots \ldots \quad (2)$$

Hierin kann nach S. 7 statt $\frac{R}{F}$ noch geschrieben werden $\frac{2}{3} \frac{\alpha}{e}$, wodurch der Ausdruck mit dem erstgefundenen in der Lorentzschen Form identisch wird.

Die Ausdrücke (1) oder (2) geben zugleich den Wert des Peltierkoeffizienten für das Metallpaar A, B an, denn dieser ist ja nach unserer Auffassung nichts anderes als die Arbeit, welche aufzuwenden ist oder gewonnen wird, wenn sich die Elektrizitätsmenge 1 über die Potentialdifferenz V_{AB} bewegt, also $V_{AB} . 1$.

In ähnlicher Weise wie die Kontaktpotentialdifferenz wird bei beiden Methoden die Potentialdifferenz im ungleich temperierten homogenen Leiter erhalten. Wir übergehen diese Berechnung, da sie nachher auf etwas anderer Grundlage gegeben werden wird, und leiten das Endresultat, den Ausdruck für die Thermokraft selbst, aus den Formeln (1) und (2) direkt mit Hilfe der Kelvinschen Gleichung (3), S. 81, ab. Diese muß ja jedenfalls befriedigt werden; für die Thomsonsche Berechnungsweise (Gleichung 2) ist das schon darum zu erwarten, weil bei dieser alles aus der Betrachtung von Gleichgewichtszuständen hervorgeht. Wir erhalten so

$$e = \frac{\Pi}{T} = \frac{V_{AB}}{T} = \frac{4}{3} \frac{\alpha}{e} \, lg \, \frac{n_A}{n_B}$$

oder nach H. A. Lorentz und J. J. Thomson:

$$e = \frac{2}{3} \frac{\alpha}{e} \, lg \, \frac{n_A}{n_B} \quad \ldots \ldots \ldots \quad (3)$$

Eine Formel dieser Art an der Erfahrung zu prüfen, ist nicht möglich, solange man keine genauere Kenntnis über die Elektronenkonzentrationen n in den Metallen hat. Immerhin läßt sich absehen, daß sich einige Beobachtungstatsachen nicht oder nur ungenügend durch sie erklären lassen. So hat J. J. Thomson[1]) auf die Schwierigkeit hingewiesen, daß beim Schmelzen

---

[1]) Korpuskulartheorie, S. 74.

metallischer Leiter stets ein starker Sprung der Leitfähigkeit (siehe S. 34), dagegen nach mehrfachen Beobachtungen kein solcher in der Thermokraft beobachtet wird. Es ist unwahrscheinlich, anzunehmen, daß sich beim Übergang in den anderen Aggregatzustand nur die freie Weglänge der Teilchen in so starkem Maße ändert, daß dadurch allein der Sprung der Leitfähigkeit erklärt wird. Weiter sei darauf hingewiesen, daß der Unterschied der thermoelektrischen Wirksamkeit verschiedener Kristallflächen (siehe Tabelle X) nie durch Formel (3) zum Ausdruck gebracht werden kann. Schließlich ergibt sich auch für die Gruppe der schlechten metallischen Leiter eine wenig plausible Konsequenz. Da diese nach Tabelle XI meist große, aber sowohl positive wie negative Thermokräfte gegen die guten Leiter zeigen, müßte man nach (3) annehmen, daß die Zahl der freien Elektronen in ihnen teils kleiner, teils aber auch viel größer ist als in den guten Leitern, so daß wieder wesentlich die freie Weglänge die Leitfähigkeit bestimmen müßte.

Diese Schwierigkeiten werden beseitigt durch eine auf etwas anderer Grundlage aufgebaute Elektronentheorie der Thermoelektrizität, bei der dieses Gebiet zugleich in Beziehung gesetzt wird zu einem anderen in diesem Buch schon behandelten, der Emission negativer Elektrizität durch erhitzte Leiter (Einleitung, S. 10 bis 14).

Die Emission von Elektronen durch erhitzte Leiter ist, wie S. 13 angedeutet, von H. A. Wilson aufgefaßt worden als eine Verdampfung negativer Elektrizität von der Oberfläche des Körpers, die bei einem durch die Natur des Körpers und seine Temperatur eindeutig bestimmten Dampfdruck erfolgt. In einem Hohlraum in dem erhitzten Metall muß sich hiernach eine solche Dichte der negativen Teilchen herstellen, daß der Druck

$$p = \frac{1}{3} n m v^2,$$

den sie auf die Wände ausüben, gleich diesem Dampfdruck ist, eine Auffassung, die übrigens in Übereinstimmung ist mit der von Richardson gegebenen Darstellung des Vorgangs, die S. 13 gegeben wurde. Im Gleichgewichtszustand muß die Zahl der pro Sekunde auf die Flächeneinheit der Leiteroberfläche hierbei von außen auftreffenden Elektronen, nämlich $\frac{1}{3} v n$, gleich sein der von ihr ausgehenden, die nach Richardson durch den Sättigungsstrom gemessen wird.

Richardson [1]) hat gezeigt, daß sich hierbei ein Ausdruck für den Dampfdruck ergibt, der mit dem auf rein thermodynamischer Grundlage nach der Clausius-Clapeyronschen Gleichung gewonnenen übereinstimmt. Der Dampfdruck der Elektronen über einem Metall läßt sich also aus der Größe des Sättigungsstroms berechnen.

Konsequent muß man weiter dem Metall für alle Temperaturen, auch wo der Sättigungsstrom nicht mehr meßbar ist, den aus der Thermodynamik zu folgernden Dampfdruck zuschreiben. Ebenso wird man für die von dem Metall als Dampf abgegebenen Elektronen die Eigenschaften eines idealen Gases annehmen. Es ist vielleicht nützlich, hier darauf hinzuweisen, daß die hier benutzten Begriffe bereits ihr vollständiges Analogon hatten in der von Nernst eingeführten elektrolytischen Lösungstension der Metalle und dem osmotischen Druck der Ionen.

Wir wollen diese Vorstellungen anwenden [2]) auf ein Thermoelement aus den Metallen A und B, dessen Lötstellen sich auf den absoluten Temperaturen T und $T + dT$ befinden mögen. Die Dampfdrucke der negativen Elektrizität über den beiden Metallen bei T seien p_A und p_B. Anstatt nun die Elektrizität im Innern des Thermoelements unter der Wirkung der Thermokraft zirkulieren zu lassen, denken wir uns die einem Mol entsprechende Elektrizitätsmenge $F = 9647$ elmag. Einheiten dem Metall A bei T entnommen und führen mit ihr einen reversibeln Kreisprozeß durch die Drucke und Temperaturen des folgenden Schemas aus:

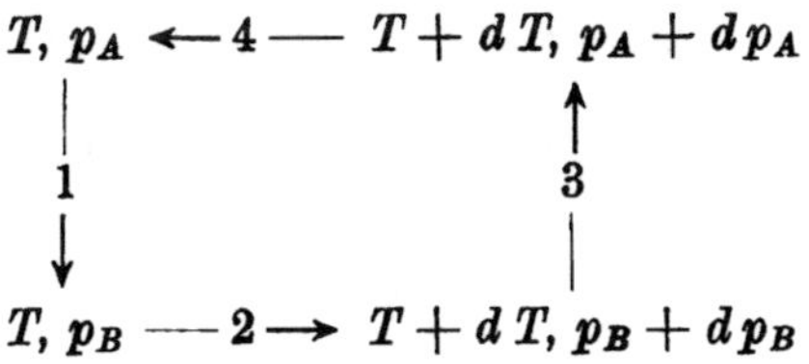

Am Schluß führen sie dem Metall A beim Drucke p_A wieder zu. Wir bestimmen die bei diesem ganzen Prozeß von dem System zu leistende Arbeit. Ist der thermoelektrische Prozeß in unserem Element als solcher auch reversibel, d. h. erfüllt er die Kelvin-

---

[1]) Jahrb. d. Radioaktivität 1, 303 (1904). — [2]) Baedeker, Phys. Zeitschr. 11, September 1910.

schen Gleichungen, so muß die bei dem gedachten Vorgang geleistete Arbeit gleich der sein, die das Element beim Umlauf von $F = 9647$ elmag. Einheiten im Sinne der elektrischen Kraft leisten würde, also gleich $eF . dT$.

Die Arbeit, die das System bei der Entnahme der Elektrizitätsmenge F leistet, ist RT; sie wird am Schluß des Prozesses wiedergewonnen, bleibt also unberücksichtigt. Die Arbeiten, welche während der vier Phasen des Vorgangs vom System geleistet werden, sind folgende (Annahme $p_A > p_B$):

1. Isotherme Ausdehnung zum Druck p_B.

$$\text{Arbeit: } RT \, lg \, \frac{p_A}{p_B}.$$

2. Erwärmung auf $P + dP$ bei konstantem Druck, Arbeit: $R \, dT$, dann isotherme Kompression auf den Druck $p_B + dp_B$.

$$\text{Arbeit: } - RT \, \frac{d}{dT} \, lg \, p_B \, dT.$$

3. Isotherme Kompression zum Druck $p_A + dp_A$.

$$\text{Arbeit: } RT \, lg \, \frac{p_B}{p_A} + \frac{d}{dT} \, RT \, lg \, \frac{p_B}{p_A} \, dT.$$

$$= - RT \, lg \, \frac{p_A}{p_B} - \left(R \, lg \, \frac{p_A}{p_B} + RT \, \frac{d}{dT} \, lg \, \frac{p_A}{p_B} \right) dT.$$

4. Abkühlung auf T bei konstantem Druck, Arbeit: $- R \, dT$, dann isotherme Ausdehnung bis zum Druck p_A.

$$\text{Arbeit: } RT \, \frac{d}{dT} \, lg \, p_A \, dT.$$

Die Summe dieser vier Posten wird einfach gleich

$$R \, lg \, \frac{p_A}{p_B} \, dT.$$

Durch Gleichsetzung mit der elektrischen Arbeit $eF \, dT$ erhalten wir

$$(4) \quad \cdots \cdots \cdots \cdots \quad e = \frac{R}{F} \, lg \, \frac{p_A}{p_B}$$

als Ausdruck der thermoelektrischen Kraft pro Grad Temperaturdifferenz. Wie bei der früheren Betrachtung müssen die Arbeiten bei 1. und 3. gleich dem Peltierkoeffizienten sein, während die gesamten Thomsonwärmen erhalten werden würden durch Zusammenfügen der unter 2. oder 4. bezeichneten Arbeiten mit den während dieser Prozesse für die Erwärmung oder Abkühlung des gedachten Gases aufgewandten Wärmemengen. Ohne die Ausdrücke im einzelnen auszuführen, sieht man leicht, daß wieder

$$e = \frac{\Pi}{T} \quad \text{und} \quad \frac{de}{dT} = \frac{\sigma_A - \sigma_B}{T}.$$

Der Ausdruck (4) erweist sich dem S. 89 gegebenen Lorentzschen Ausdruck insofern als praktisch überlegen, als man, auch ohne den Wert der Dampfdrucke in einzelnen Fällen angeben zu können, aus den allgemeinen Gesetzen, die die Thermodynamik für den Dampfdruck liefert, bestimmte Folgerungen aus ihm ziehen kann.

Zunächst würde man durch Einsetzen der Clausius-Clapeyronschen Gleichung einen allgemeinen Ausdruck für die Abhängigkeit der Thermokraft von der Temperatur erhalten. Wir übergehen diesen Punkt, da eine zahlenmäßige Prüfung eines solchen Gesetzes noch nicht vorliegt.

Für das thermoelektrische Verhalten verschiedener Aggregatzustände läßt sich aber aus (4) sofort ein bestimmtes Resultat entnehmen. Ist p_A der Dampfdruck der Elektrizität über dem festen, p'_A der über dem geschmolzenen Metall, so fordert die Thermodynamik, daß bei der Schmelztemperatur $p_A = p'_A$. Nach (4) folgt daraus aber, daß die Werte der Thermokraft pro Grad für festes und flüssiges Metall beim Schmelzpunkt gegen denselben Wert konvergieren. Dies ist aber, wie S. 90 erwähnt, durch Beobachtung mehrfach festgestellt [1]).

Weiter wird in der Thermodynamik gezeigt, daß der Dampfdruck erniedrigt wird durch Zusatz gelöster Substanzen. Es ergibt sich nach (4), daß entsprechend auch die Thermokraft einer Legierung, die als Lösung anzusehen ist, gegenüber einem beliebigen Metall mehr von der des reinen Lösungsmittels abweichen muß, als nach der Mischungsregel zu erwarten ist. Wir sahen aber S. 67, daß diese Tatsache durch Rudolfi in allen Fällen festgestellt worden ist; daß die Dampfdruckerniedrigung, und damit die Änderung der Thermokraft, proportional sei der

---

[1]) Zuletzt durch Cermak, Ann. d. Phys. (4) **26**, 521 (1908).

molekularen Konzentration des gelösten Stoffes, wäre nur dann zu erwarten, wenn das gelöste Metall nur einen unmerklich kleinen Elektronendampfdruck hätte.

In gewissem Umfange besteht zweifellos ein Parallelismus zwischen thermoelektrischer Kraft und Leitfähigkeit, insofern beide jedenfalls zu einem Teil durch die Elektronenkonzentration im Metall bestimmt werden, denn es ist, nach Richardson (S. 12), auch für den Dampfdruck der negativen Elektrizität anzunehmen.

Es müssen also die für die Thermoelektrizität der Legierungen geltenden Gesetze in ähnlicher Weise auch für die Leitfähigkeit gelten. Hier liegen aber schon eingehendere Resultate vor, die im ersten Kapitel ausführlich besprochen wurden. Wie schon S. 67 betont, wird der Parallelismus zur Thermoelektrizität auch durch die Beobachtung bestätigt. Insbesondere sei hier auf die S. 41 besprochene „atomare Leitfähigkeitserniedrigung" eines Leiters durch einen gelösten Zusatz hingewiesen, die nach dem Angegebenen unschwer erklärt werden kann.

Zum Schluß sei festgestellt, daß auch die übrigen Bedenken gegen die Lorentzsche und Thomsonsche Formel, die S. 89 u. 90 aufgezählt wurden, bei der Gleichung (4) nicht vorhanden sind.

Viertes Kapitel.

Die galvanomagnetischen und thermomagnetischen Erscheinungen.

Durch die Einwirkung eines magnetischen Feldes werden sämtliche elektrischen und thermischen Erscheinungen in metallischen Leitern modifiziert, ebenso wie das beispielsweise durch den hydrostatischen Druck der Fall ist. Außerdem zeigt sich aber eine Reihe ganz neuartiger Erscheinungen, die durch die Vektornatur des magnetischen Feldes bedingt sind und die in Druckwirkungen keine Analogie haben. Es treten nämlich in einem magnetischen Felde, das senkrecht zum Leiter gerichtet ist, auch transversale

Wirkungen auf, d. h. solche, die senkrecht auf der Richtung des den Leiter durchfließenden Stromes stehen. Um sie beobachten zu können, wird der Leiter am besten plattenförmig gewählt.

Die Entdeckung des ersten dieser Effekte, nämlich des Auftretens einer transversalen elektromotorischen Kraft in einem elektrisch durchströmten Leiter, der in ein Magnetfeld gebracht wird, glückte Hall im Jahre 1879, als er versuchte, zu der ponderomotorischen Wirkung, die der Leiter in diesem Falle erfährt, eine Wirkung direkt auf die bewegte Elektrizität zu finden. Die hier schon mehrfach betonte Analogie zwischen Wärme und elektrischer Strömung in metallischen Leitern führte dann auch in diesem Falle zu weiteren Ergebnissen. v. Ettingshausen und Nernst fanden nämlich 1886, daß eine Potentialdifferenz wie die Hallsche auch auftrat, wenn der elektrische Strom durch einen Wärmestrom ersetzt wurde; v. Ettingshausen wies ferner 1887 nach, daß bei der Hallschen Anordnung auch eine transversal gerichtete Temperaturdifferenz durch den elektrischen Strom hervorgerufen wurde, und Leduc und Righi zeigten etwa gleichzeitig im Jahre 1887, daß eine solche Temperaturdifferenz auch als Folge eines primären Wärmestroms im Magnetfelde auftritt.

Formell läßt sich nun auch die eingangs erwähnte Wirkung des Magnetfeldes auf den Widerstand auffassen als eine im Felde auftretende Potentialdifferenz von der Größe $i\,\varDelta\,w$, also als longitudinaler Halleffekt, und auch diese Analogie läßt sich in derselben Weise für Wärmewirkungen weiterführen wie bei den transversalen Effekten. In der Tat sind longitudinale Temperaturdifferenzen durch den elektrischen Strom im Magnetfelde durch Nernst, Potentialdifferenzen durch einen Wärmestrom durch v. Ettingshausen und Nernst, und Änderungen des Wärmeleitvermögens durch Righi und Leduc aufgefunden worden. Für diese longitudinalen Effekte sind nun noch Unterschiede zu erwarten, je nachdem ob die Kraftlinien des Magnetfeldes senkrecht zur Stromrichtung verlaufen oder parallel dazu. Transversale Effekte können aus Symmetrierücksichten dagegen nur im transversalen Felde zustande kommen.

Um die Gesamtheit der so möglichen Effekte zu überblicken, denken wir uns einen dreidimensionalen Leiter (Fig. 17) stets in der Richtung der x-Achse durchströmt. Wir bezeichnen dann alle Effekte, bei der dieser Primärstrom elektrisch ist, als galvano-

Tabelle XVII. Galvanomagnetische und thermomagnetische Effekte.

	Galvanomagnetische		Thermomagnetische	
	Potentialdifferenz	Temperaturdifferenz	Potentialdifferenz	Temperaturdifferenz
Transversale Effekte	Halleffekt E S. 99	Effekt von v. Ettingshausen P S. 109	Effekt von Nernst und v. Ettingshausen Q S. 106	Effekt von Leduc und Righi S S. 108
Longitudinale Effekte im transversalen Felde	Widerstandsänderung im transversalen Felde S. 112	Peltierwirkung zwischen transversal magnetisiertem und nicht magnetisiertem Material S. 116	Thermoelektrische Kraft zwischen transversal magnetisiertem und nicht magnetisiertem Material S. 116	Änderung der Wärmeleitfähigkeit im transversalen Magnetfelde S. 115
Longitudinale Effekte im longitudinalen Felde	Desgl. bei longitudinaler Magnetisierung S. 112	Desgl. bei longitudinaler Magnetisierung S. 116	Desgl. bei longitudinaler Magnetisierung S. 116	Desgl. bei longitudinaler Magnetisierung S. 115

magnetische, bei der es ein Wärmestrom ist, als thermomagnetische. Ist y die Richtung des Magnetfeldes, so bezeichnen
wir die in der z-Richtung
beobachteten Potential-
oder Temperaturdifferen-
zen als Transversal-
effekte, die in der
x-Richtung beobachteten
als Longitudinal-
effekte. Ist x gleich-
zeitig Richtung des Mag-
netfeldes, so können sich
nach y oder z keine
Effekte ergeben; die in
der x-Richtung selbst
beobachteten Longitudi-
naleffekte, worüber sehr
wenig Angaben vor-

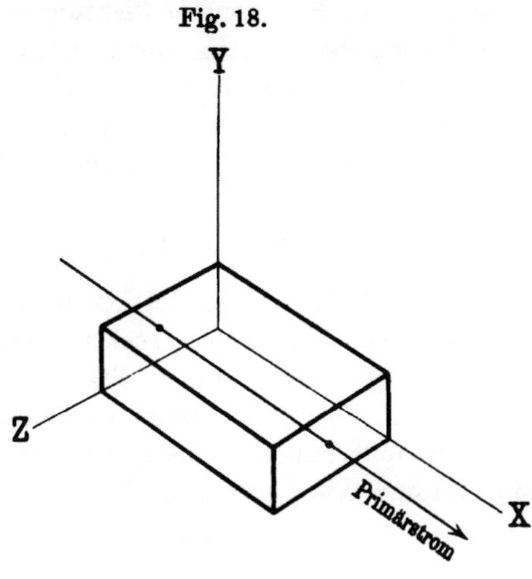

Fig. 18.

liegen, unterscheiden sich in ihrer Erscheinungsform nur wenig
von den im transversalen Felde auftretenden. Die sämtlichen
Effekte, die im folgenden besprochen werden, sind in Tabelle XVII
zusammengestellt.

Allgemeines über die Transversaleffekte.

Ohne die Beobachtungsergebnisse zu benutzen, gelangt man
allein auf Grund der Symmetrieverhältnisse zu gewissen einfachen
Ansätzen über die vorgenannten Effekte. Diese sind zwar zunächst bloß als Annäherungen für kleine Feld- und Stromstärken
anzusehen, die Erfahrung zeigt aber, daß sie für eine ganze Anzahl von Metallen sogar im ganzen Beobachtungsbereich gelten.
Für die Transversaleffekte läßt sich zunächst auf diesem Wege
voraussehen, daß sie in gewissem Umfange der Feld- und Strom-
stärke direkt proportional sein werden. Denn gesetzt, es bilden
in einem bestimmten Falle die drei aufeinander senkrechten Größen
Feld, Strom, Effekt in dieser Reihenfolge mit ihren positiven Richtungen ein Koordinatensystem, wie X, Y, Z in Fig. 18 [1]), so muß diese

---

[1]) Also ein positives nach gewöhnlicher Bezeichnungsweise.

Tatsache unabhängig sein von der zufälligen Orientierung im Raum. Würde nun aber z. B. das Feld oder der Strom umgekehrt, so werden die drei bezeichneten Richtungen nur dann ihre gegenseitige Orientierung beibehalten, wenn auch der Effekt sich umkehrt. Wenn Feld und Strom dagegen gleichzeitig umgekehrt werden, so muß der Effekt seine Richtung beibehalten. Die einfachste Funktion, die hiermit verträglich ist, kann aber schematisch in der Form geschrieben werden:

$$\text{Effekt} = \text{Const.} \times \text{Feld} \times \text{Strom},$$

wobei je nach der Art des Effekts links sowohl Potentialdifferenzen wie Temperaturdifferenzen, rechts sowohl elektrische wie Wärmeströme gemeint sein können. Fassen wir nun zunächst ein Volumelement da, db, dc ins Auge, so können wir die dem Halleffekt entsprechende Potentialdifferenz de der Ränder für ein Feld H und eine Stromdichte j ansetzen als

$$de = R.H.j.db,$$

also bei gleichförmiger Stromdichte im homogenen Feld für die ganze Breite b des Leiters als:

$$(1) \quad \ldots \ldots \ldots \quad e = R.H.j.b$$

analog für die transversale Temperaturdifferenz durch den elektrischen Strom

$$(2) \quad \ldots \ldots \ldots \quad \Delta \tau = -P.H.j.b.$$

R und P bedeuten die dem untersuchten Leiter charakteristischen Materialkonstanten; die Angabe über die Wahl des Vorzeichens siehe S. 111. In beiden Gleichungen läßt sich auch statt der Stromdichte dessen Stärke einführen, indem

$$j.b.c = i.$$

Dann wird

$$e = \frac{R.H.i}{c}, \qquad \Delta \tau = -\frac{P.H.i}{c},$$

Für den Ansatz der zwei anderen Effekte folgen wir dem Gebrauch, statt der Wärmestromdichte w das Temperaturgefälle einzuführen. Es ist dann

$$w = -k \cdot \frac{d\tau}{da},$$

und wir schreiben unter Zusammenziehung der Konstanten die
beiden thermomagnetischen Transversaleffekte als

$$e = + Q \cdot H \cdot \frac{d\tau}{da} \cdot b \quad \cdots \cdots \quad (3)$$

$$\varDelta \tau = + S \cdot H \cdot \frac{d\tau}{da} \cdot b \quad \cdots \cdots \quad (4)$$

Eine besonders anschauliche Darstellungsweise für die Effekte
von Hall und von Leduc erhält man schließlich noch, wenn man
das im Magnetfeld entstehende transversale Potential- oder Temperaturgefälle mit dem in der Längsrichtung primär vorhandenen
vergleicht. Der Quotient dieser beiden Größen gibt nämlich die
trigonometrische Tangente des Winkels φ, um den die Äquipotentiallinien bzw. die Isothermen durch das Feld gedreht werden.
Im Falle des Halleffekts ist nach Gl. (1):

Das Potentialgefälle senkrecht zum Strom $\cdots \quad = R.H.j$

dasselbe in der Stromrichtung nach Ohms Gesetz $\cdot = \dfrac{j}{\varkappa}$

$$\text{also } tg\, \varphi = R.H.\varkappa.$$

Im Falle des Leduceffekts ist nach (4):

Das transversale Temperaturgefälle pro Zentimeter $= S \cdot H \cdot \dfrac{d\tau}{da}$

das Temperaturgefälle des Primärstroms $\cdots \cdot = \dfrac{d\tau}{da}$

$$\text{also } tg\, \varphi' = S.H.$$

Sind, wie stets beim Experiment, die Plattenränder gegen
Elektrizitäts- und Wärmeverlust möglichst geschützt, so muß die
Primärströmung parallel der Plattenkante bleiben, sie steht also
im Felde nicht mehr senkrecht auf den Äquipotentiallinien oder
Isothermen, sondern bildet damit die Winkel $\dfrac{\pi}{2} - \varphi$ bzw. $\dfrac{\pi}{2} - \varphi'$.

Die Beobachtung der Transversaleffekte
und ihre Ergebnisse.

1. Der Halleffekt. Aus dem im vorigen Abschnitt gegebenen
ergibt sich von selbst eine Anordnung zur Messung von Hall-

effekten, wie in Fig. 19 angegeben. Durch eine rechteckige, möglichst
dünne Platte des zu untersuchenden Materials wird der Primärstrom in Richtung der längeren Kante hindurchgeschickt, wobei
durch Anbringung breiter Elektroden für gleichmäßige Strom-
verteilung gesorgt wird. Zwei seitlich in gleicher Höhe angebrachte,
möglichst schmale Elektroden führen die transversale Spannung
zum Galvanometer. Ist infolge der nicht völlig zu erreichenden
Symmetrie in der Anbringung der Seitenelektroden schon vor Er-
regung des Feldes eine Potentialdifferenz zwischen diesen vorhanden, so wird diese am besten durch Kompensation beseitigt.

Fig. 19.

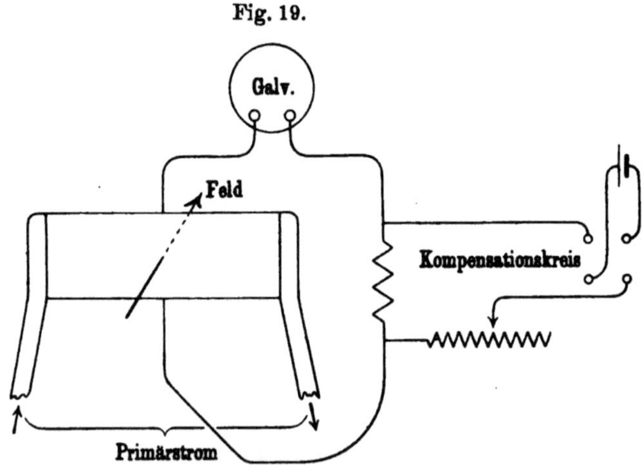

Schaltung zur Messung des Halleffekts.

In den meisten Fällen ist die schließlich zu messende
Spannung recht klein, so daß sich zur Messung im allgemeinen
ein Nadelgalvanometer empfehlen wird; naturgemäß bildet dann
die Vermeidung magnetischer Störungen eine besondere Schwierigkeit. Grundsätzlich gleichgültig ist es, ob der Galvanometer-
widerstand groß gegen den Widerstand der Platte zwischen den
Hallelektroden ist oder nicht, wie Zahn gezeigt hat. Ebenso
macht es auch nach Zahn keinen merklichen Unterschied, ob man
bei der Messung des Halleffekts den transversalen Temperatur-
effekt zustande kommen läßt oder nicht, vorausgesetzt, daß die
Seitenelektroden aus einem Material bestehen, das thermoelektrisch
gegen das Plattenmaterial hinreichend indifferent ist.

Die meisten sonst angewandten Methoden unterscheiden sich von dieser schon von Hall selbst benutzten nur in Einzelheiten. Neuartig dagegen ist die von Des Coudres[1]) angegebene Methode der Messung durch Wechselstrom. S. 98 sahen wir, daß der Hall-effekt wie alle Transversaleffekte, sein Zeichen nicht umkehrt, wenn Primärstrom und Feld zugleich kommutiert werden. Schickt man also einen und denselben Wechselstrom durch die Wickelung des Feldmagneten und durch die Platte, so kann an den Quer-elektroden eine stets gleich gerichtete Spannung abgenommen werden, die (mit der doppelten Wechselzahl wie der Primärstrom) zwischen Null und ihrem Maximalwert schwankt, deren Mittelwert sich aber im Galvanometer messen läßt. Diese Methode hat sich insbesondere für die Untersuchung bei hohen Temperaturen vorteil-haft erwiesen[2]), wo die thermischen Störungen bei der Hallschen Methode ungleich größer werden. Es könnte hier sogar die Heizung der Platte gleich durch den Primärstrom vorgenommen werden. Außerdem ergab diese Methode das Resultat, daß der Halleffekt nicht abhängig war von der Wechselzahl bis zu 700 Wechseln pro Sekunde, wie überhaupt der Halleffekt keine Verzögerung gegenüber Schwankungen des Feldes und des Stromes zu haben scheint.

An allgemeinen Resultaten über den Halleffekt haben alle Beobachter übereinstimmend gefunden, daß die transversale Kraft sich stets und streng proportional mit dem Primärstrom erweist, was aber nicht allgemein auch für das Feld gilt. Die Beobachtung der verschiedenen metallischen Leiter zeigte, daß die Abhängigkeit von der Reinheit und Struktur des Materials womöglich noch ausgesprochener ist, wie bei der Leitfähigkeit und bei den thermoelektrischen Erscheinungen, so daß nur bei wenigen Materialien überhaupt von verschiedenen Beobachtern nahe gleiche Zahlen erzielt worden sind. Die Tabelle XVIII (a. f. S.) enthält eine Reihe solcher Werte. Zur Beurteilung der Genauig-keit der Zahlen kann die folgende kleine Übersicht der ver-schiedenen für Kupfer und für Platin beobachteten Werte dienen. Die Zahlen der ersten Kolumne von Tabelle XVIII werden alle in ihrer Zuverlässigkeit zwischen diesen beiden liegen, die der zweiten sind wesentlich weniger sicher.

---

[1]) Phys. Zeitschr. **2**, 586 (1901). — [2]) Frey, Diss., Leipzig 1908.

Unterschiede des Hallkoeffizienten bei verschiedenen Beobachtern.

	Kupfer	Platin
Hall	— 0,00052	— 0,00024
v. Ettingshausen u. Nernst . .	— 0,00052	— 0,00024
Zahn	— 0,00043	— 0,00013
A. W. Smith	— 0,00054	— 0,00020

Das Vorzeichen der Koeffizienten ist nach Hall positiv gewählt, wenn durch eine Drehung im Sinne des das Feld erzeugenden Stromes die Richtung des Primärstromes in die des Transversalstromes übergeführt wird. Auch die Drehung der Potentialflächen erfolgt dann in diesem Sinne. Die absolute Größe der Koeffizienten bestimmt sich durch Gleichung (1), S. 98, wenn in dieser Feld, Strom und Querkraft in absoluten elektromagnetischen Einheiten eingesetzt werden.

Tabelle XVIII. Koeffizienten des Halleffekts.

Gold . . . . . . — 0,00070	Zink . . . etwa + 0,0006
Silber . . . . . — 0,00088	Blei . . . . nahe 0,0
Kupfer . . . . — 0,00054	Zinn . . . etwa — 0,00002
Platin . . . . . — 0,0002	Konstantan . . — 0,0009
Iridium . . . . + 0,00040	Neusilber . . . — 0,00054
Palladium . . . — 0,0010	Kohle . . . . . — 0,17

Um die Größenordnung der praktisch mit diesen Materialien zu erreichenden Transversalspannungen festzustellen, nehmen wir an, daß eine 1 cm breite, $^1/_{10}$ mm = 0,01 cm dicke Goldplatte von 10 Amp. = 1 CGS durchflossen und in ein Magnetfeld von 10 000 Einheiten gebracht werde, wie es mit mittleren Elektromagneten leicht herzustellen ist. Dann wird

$$e = \frac{R.H.i}{d} = \frac{0,0007 \cdot 10\,000 \cdot 1}{0,01} = 700 \text{ CGS},$$

also nur 7 Mikrovolt. Bei Nickel- oder Eisenplatten (s. u.) würde der Effekt etwa 10 mal so groß sein, so daß er ohne große Schwierigkeit auch mit dem d'Arsonval-Galvanometer demonstrierbar ist.

Die außerdem noch gelegentlich bestimmten Werte von Cd, Mg, Al, Mn, Na, C sind teils noch nicht wieder kontrolliert, teils ganz unsicher. Eine Sonderstellung nehmen die ferromagnetischen Materialien und Wismut und Antimon ein, weil bei ihnen der Koeffizient R nicht mehr konstant, sondern von der Feldstärke abhängig gefunden wird, die beiden letzteren außerdem wegen ihrer kristallinischen Natur.

Für Eisen, Nickel, Kobalt zeigte Kundt[1]) zuerst, daß die Transversalspannung — gleich der Magnetisierung — mit wachsendem Felde einem Grenzwert zuwächst, und es ergab sich, daß dies Verhalten direkt dadurch darstellbar war, daß der Effekt nicht dem Felde, sondern dem magnetischen Moment der Volumeinheit proportional gesetzt wurde, in vollständiger Analogie zu der auch von Kundt bestimmten magnetischen Drehung der Polarisationsebene des Lichtes in diesen Metallen. Eine interessante Ergänzung findet diese Beobachtung in dem von Frey festgestellten Verhalten des Hallkoeffizienten in Fe und Ni bei höheren Temperaturen (siehe S. 105). Die Koeffizienten R für kleine Felder sind stark vom Material abhängig und nur ungefähr angebbar. Es haben Fe und Ni etwa 0,01, Co etwa 0,004.

Der für Wismut in der Regel angegebene Wert ist R $=$ etwa -10, also noch erheblich größer. Nun hat aber die genaue Untersuchung von Prismen, die aus einer Kristallplatte geschnitten waren, durch v. Everdingen[2]) ergeben, daß die Werte je nach der Orientierung des Kristalls[3]) im Felde so verschieden sind, daß von einem Mittelwerte nicht gesprochen werden kann.

War nämlich die kristallographische Hauptachse senkrecht zu den Kraftlinien des Feldes ($H = 2600$), so war $R = -11$, und zwar machte es keinen wesentlichen Unterschied, ob jetzt der Effekt in Richtung der Hauptachse oder senkrecht dazu gemessen wurde.

War dagegen die kristallographische Hauptachse parallel zum Felde (Strom und Effekt also stets senkrecht zur Hauptachse), so war R nur etwa $-0,4$, in stärkeren Feldern sogar positiv.

---

[1]) Wied. Ann. 49, 257 (1893). — [2]) Comm. Lab. Leiden, Nr. 61. — [3]) Wismut kristallisiert trigonal (rhomboedrisch-hemiedrisch).

Hierdurch klären sich die großen Differenzen der früheren Beobachter auf. Bei den öfters gefundenen großen Werten muß also die Hauptmenge der Kristalle der Platte ihre Hauptachse in der Plattenebene gehabt haben. Es ist zu vermuten, daß für das ebenso kristallisierende Antimon (R 0,1 bis 0,2) und Tellur (R etwa $= 500$!) die Verhältnisse ähnlich liegen.

Die wenigen Resultate, die über Legierungen vorliegen, zeigen, daß jedenfalls bei den Metallen mit an sich großen Halleffekten schon minimale Zusätze auch indifferenter Metalle sehr große Veränderungen, auch Vergrößerungen hervorrufen können.

Ein bemerkenswertes Resultat erhielt Steinberg[1]) an dem jodhaltigen Kupferjodür, dessen Eigenschaften als Leiter S. 23 beschrieben wurden. Es zeigte sich nämlich, daß dessen Hallkoeffizient mit abnehmendem Jodgehalt immer größer wurde. Gleichzeitig wächst hierbei nach S. 24 der spezifische Widerstand des Präparats und es ergab sich, daß für die geringeren Jodkonzentrationen, also höheren spezifischen Widerstände, der Hallkoeffizient schließlich einfach eine lineare Funktion des Widerstandes wurde. Es wurden so Präparate mit Koeffizienten von $R = +0{,}24$ bis $11\,000$ erhalten, ohne daß damit irgend eine obere Grenze erreicht war. Über die elektronentheoretische Deutung dieses Resultats siehe S. 123.

Betreffend die Wirkung der Temperatur auf den Halleffekt scheinen sich, soweit Beobachtungen vorliegen, die Metalle wieder einzuteilen in die Gruppe der in Tabelle XVIII zusammengefaßten, die ferromagnetischen und das Wismut.

Für die ersteren ist nach Freys Beobachtungen an Platin, Gold, Zink, Manganin die Wirkung der Temperatur sehr klein. Für Platin z. B. stieg der Effekt im Intervall von Zimmertemperatur bis 1500^0 nur um 50 Proz., für Gold fand sich bis 800^0 keine merkliche Änderung. Ähnliche Resultate erhielt A. W. Smith[2]) bei Untersuchung des Hallkoeffizienten zwischen -190^0 und $+28^0$. Er fand z. B. für Kupfer $R = -6{,}5$ bei -190^0, $R = -5{,}4$ bei $+23^0$, also $\dfrac{1}{R_{23}}\dfrac{dR}{dT} = -0{,}096$ Proz. in diesem Intervall. Ebenso bestimmte er folgende Temperaturkoeffizienten:

---

[1]) Diss., Jena 1911. — [2]) Phys. Review 30, 1 (1910).

Tabelle XIX.

Kupfer . . .	—0,096 Proz.		Palladium . .	—0,13 Proz.
Silber . . .	—0,045 „		Zink	—0,32 „
Gold . . .	—0,013 „		Aluminium . .	+0,19 „
Platin . . .	—0,047 „			

Bei den ferromagnetischen Materialien zeigte sich ein vollkommenes Parallelgehen mit der magnetischen Permeabilität, d. h. ein Anwachsen des Koeffizienten bis zur kritischen Temperatur, dann ein Abfall auf Werte, die denen der übrigen Metalle nahestehen. Fig. 20 gibt die von Frey an Eisen und Nickel erhaltenen Resultate. Es ist jedenfalls anzunehmen, daß diese Abhängigkeit von der Temperatur sich noch mit der Feldstärke

Fig. 20.

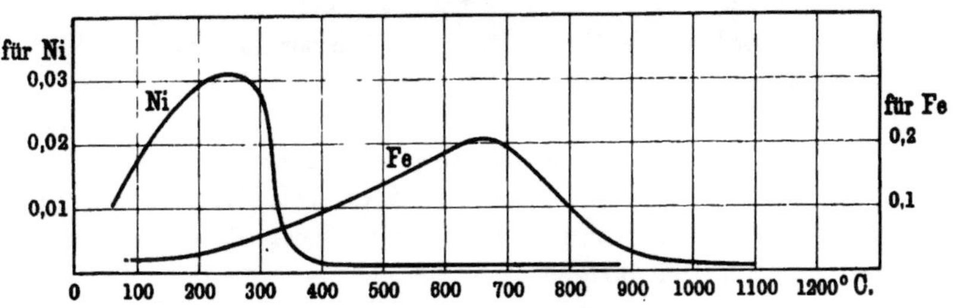

ändert. Das Ergebnis von Frey ist durch A. W. Smith[1] bestätigt worden, der auch Messungen am Kobalt ausführte. Die Temperaturen, für die er den plötzlichen Abfall des Hallkoeffizienten feststellte, liegen für Ni bei etwa 390° C, für Fe bei etwa 780°, für Co bei etwa 1000°, in Übereinstimmung mit den Temperaturen, bei denen diese Metalle in den unmagnetischen Zustand übergehen.

Die Wirkung der Temperatur auf den Halleffekt beim Wismut schließlich ist wiederholt gemessen worden. Lownds[2] untersuchte eine Kristallplatte, deren Hauptachse stets senkrecht zum Felde lag. Für die zwei hierbei noch möglichen Richtungen des Primärstroms fanden sich folgende Hallkoeffizienten R (siehe Tabelle XX a. f. S.).

Bei nicht kristallisiertem Wismut ist stets eine starke Abnahme des Absolutwertes von R mit steigender Temperatur

[1] l. c. — [2] Ann. d. Phys. (4) 9, 681 (1902).

Tabelle XX.
Hallkoeffizienten des Wismutkristalls. (Feld stets ⊥ Hauptachse.)

Feldstärke	Temperatur ^{0}C	Koeffizient R	
		Strom ∥ Achse	Strom ⊥ Achse
2120	+ 16	− 11,8	− 10,4
2120	− 79	− 9,6	− 7,8
2120	− 186	+ 10,4	+ 8,9
4980	+ 16	− 10,3	− 9,0
4980	− 79	− 3,2	− 2,4
4980	− 186	+ 7,9	+ 6,5

gefunden worden. Während bei der Temperatur der flüssigen Luft Koeffizienten bis zu − 62,2 gemessen wurden (van Everdingen), so sinkt der Wert in der Nähe des Schmelzpunkts (+ 269°) nahe auf 0 und ist darüber nicht mehr nachweisbar.

2. Die Transversaleffekte von Nernst, Ettingshausen und Leduc. Weit weniger vollkommen bekannt als der Halleffekt sind die drei übrigen Transversaleffekte, da ihre Messung wegen ihrer Kleinheit und auch wegen ihres unvermeidlichen Ineinandergreifens erheblich größere Schwierigkeiten macht. In der Tat sind alle drei Koeffizienten nur für die Metalle bekannt, wo sie, in Analogie zum Halleffekt, zwar groß, aber in unregelmäßiger Weise von der Natur des Materials abhängig sind, nämlich bei der Gruppe des Wismuts und bei den ferromagnetischen Metallen. Erst in neuerer Zeit ist es Zahn[1]) gelungen, auch für eine Reihe anderer Metalle wenigstens den Nernstschen und den Leducschen Effekt zu messen oder ihre Existenz festzustellen.

Die Messung thermomagnetischen Potentialeffekts von Nernst erfolgt an einem plattenförmigen Stück des Materials, das in der Längsrichtung von einem starken Wärmestrom durchflossen wird. Zu diesem Zwecke wird die eine Schmalseite einem Dampfstrom ausgesetzt, während die andere durch Wasser gekühlt wird. Symmetrisch auf beiden Seiten, also auf einer Isotherme, sind wieder zwei Elektroden angebracht, am besten aus

---

[1]) Ann. d. Phys. (3) 14, 886 (1904) und 16, 148 (1905).

dem Material der Platte selbst, um die thermoelektrischen Störungen möglichst klein zu halten. Zwischen diesen wird die im Felde entstehende Spannung gemessen. Im allgemeinen wird es nötig sein, die schon ohne Feld vorhandenen unvermeidlichen thermoelektrischen Kräfte durch Kompensation zu beseitigen. Zum Unterschied von der Messung des Halleffekts ist hier besser eine dicke Metallplatte zu verwenden, in der sich leichter ein lineares Temperaturgefälle herstellen läßt. Die ganze Anordnung wird noch durch eine Wattepackung sorgfältig vor seitlichen Wärmeverlusten geschützt.

Besonderes Interesse hat noch die etwas modifizierte Methode von Barlow[1]), bei der in derselben Platte gleichzeitig der Nernstsche und der Halleffekt hervorgebracht werden. Man kann hier durch passendes Regulieren des primären elektrischen Stromes die beiden Effekte gerade zur gegenseitigen Aufhebung bringen, und sie so in direktester Weise am gleichen Material vergleichen.

Die bisher erhaltenen zahlenmäßigen Resultate sind mit denen für die übrigen Effekte in Tabelle XXI, S. 110 zusammengestellt. Um die Größenordnung der praktisch zu erhaltenden Wirkungen festzustellen, nehmen wir eine Platte von Kupfer von 1 cm Breite und 2 cm Länge an, deren Schmalseiten durch Wasserdampf und Eiswasser auf 100^0 und 0^0 gehalten werden. Sie sei in ein Feld von 10000 Gauß gebracht. Von Zahn ist für Kupfer der Koeffizient zu $Q =$ etwa $2{,}7 . 10^{-4}$ gefunden worden. Dann ist nach (3), S. 99:

$$e = Q \cdot H \cdot \frac{d\tau}{d\alpha} \cdot b = 2{,}7 \cdot 10^{-4} \cdot 10\,000 \cdot \frac{100}{2} \cdot 1 = 135 \text{ CGS}$$

oder 1,35 Mikrovolt, also immerhin nur mit empfindlichen Anordnungen meßbar. Für Antimon, wo der Effekt etwa 50 mal so groß ist, oder für Wismut, wo er mitunter noch erheblich größer gefunden wurde, ist er dagegen schon verhältnismäßig leicht zu demonstrieren.

An Resultaten allgemeinen Inhalts ist noch anzugeben, daß, soweit die Versuchsgenauigkeit reicht, der Ansatz (3), S. 99 zuzutreffen scheint. Bei den ferromagnetischen Metallen scheint dagegen wieder (siehe S. 103) statt des Feldes die Magnetisierung

---

[1]) Ann. d. Phys. (4) **12**, 897 (1903).

für die Wirkung maßgebend zu sein. Wismut ergab bei den verschiedenen Beobachtern noch ganz unregelmäßige, kaum vereinbare Resultate.

Die Messung der zwei transversalen Temperatureffekte, also des Ettingshausenschen und des Leducschen, läßt sich der des Hallschen und des Nernstschen ohne weiteres nachbilden, wenn man die beiden Seitenelektroden durch Thermoelemente ersetzt. Die im übrigen anzuwendenden Vorsichtsmaßregeln bleiben dieselben. Damit die Thermoelemente die Temperatur der Plattenränder zuverlässig anzeigen, sollen sie sie möglichst innig berühren, also am besten angelötet sein. Da man dann nicht, was an sich günstig wäre, die beiden Lötstellen desselben Thermoelements benutzen kann, so kann man nach Zahn je eine Lötstelle zweier Elemente festlöten, und die andere in ein gemeinsames Bad bringen. Die zwei Thermoelemente werden dann so auf die zwei Spulen eines Differentialgalvanometers geschaltet, daß nur ihre Temperaturdifferenzen zur Wirkung kommen; da gleichsinnige Temperaturveränderungen beider sich dann herausheben, ist damit eine wesentliche Fehlerquelle beseitigt.

Die zahlenmäßigen Angaben über die beiden Effekte sind wieder in Tabelle XXI, S. 110 vereinigt. Nur der Leducsche Effekt, die Drehung der Isothermen, ist einigermaßen sicher bekannt; wir berechnen wieder die praktisch erreichbare Wirkung für Kupfer. Es ist $S = 2{,}3 . 10^{-7}$, ferner sei, wie zuvor:

$$H = 10\,000, \quad \frac{d\,v}{d\,a} = 50 \text{ Grad pro Zentimeter}, \quad b = 1 \text{ cm},$$

dann wird nach S. 99.

$$\varDelta \tau = 2{,}3 . 10^{-7} . 10\,000 . 50 . 1 = 0{,}11 \text{ Grad},$$

also rund $\frac{1}{10}$ Grad. Da ein Kupfer-Konstantan-Element 37 Mikrovolt pro Grad liefert, ist eine Spannung von etwa 4 Mikrovolt zu messen.

Wir berechnen hierzu nach S. 99 die Größe der Drehung der Isothermen. Es ist

$$\varphi' = \operatorname{arctg} S . H = 2{,}3 . 10^{-7} . 10^4$$
$$= 8 \text{ Bogenminuten}.$$

Viel schwieriger und bisher in allen Fällen nur angenähert meßbar ist der Ettingshausensche Effekt. Z. B. ist für Eisen $P = 5{,}7 \cdot 10^{-8}$. Damit wird nach S. 98 für

$$H = 10\,000, \quad i = 10 \text{ Amp.}, \quad c = 1\,\text{mm}, \; b = 1\,\text{cm},$$

$$\varDelta\tau = \frac{5{,}7 \cdot 10^{-8} \cdot 10^4 \cdot 1}{0{,}1} = 5{,}7 \cdot 10^{-3} \text{ Grad,}$$

also wohl an der Grenze der Meßbarkeit.

Zum Unterschied von den beiden Potentialeffekten brauchen die beiden Temperatureffekte merkliche Zeit um sich auszubilden, denn naturgemäß können die dem Temperaturunterschiede $\varDelta\tau$ entsprechenden Wärmeenergien nicht momentan auftreten oder verschwinden. Man kann sich die beiden Erscheinungen auch so vorstellen, daß im Moment der Felderregung ein transversaler Wärmestrom einsetzt, der so lange andauert, bis das durch ihn selbst hervorgebrachte Temperaturgefälle ihn gerade aufhebt, eine Vorstellung, die unter entsprechender Übertragung der Begriffe ja auch auf die Potentialeffekte angewandt werden kann.

Für den Ettingshausenschen Effekt können wir die Größe dieses Wärmestroms wie folgt berechnen. Im Grenzzustande, nach Erreichung der Temperaturdifferenz $\varDelta\tau$ würde, wenn das Feld plötzlich zum Verschwinden gebracht würde, ein Wärmestrom fließen von der Größe

$$W = -k\frac{\varDelta\tau}{b}\,q,$$

worin q den Querschnitt senkrecht zum Wärmestrom, also den Längschnitt $a \cdot c$ der Platte bedeutet. Diesen Wärmestrom im umgekehrten Sinne unterhält das Feld. Nun ist aber

$$\varDelta\tau = \frac{P \cdot H \cdot i}{c},$$

also wird, ohne Rücksicht auf das Vorzeichen:

$$W = \frac{k \cdot P \cdot H \cdot a}{b}\,i.$$

Also wird die Wärmemenge $k \cdot P \cdot H \cdot \dfrac{a}{b}$ für jede durch die Platte fließende Elektrizitätsmengeneinheit senkrecht zum elektrischen Strom bewegt. Für Eisen z. B. ist $k = 0{,}15$ in Grammkalorien.

Sei $a = 2\,\mathrm{cm}$, dann wird aus den Daten des auf der vorigen Seite gegebenen Beispiels

$$\frac{W}{i} = 0{,}15 \cdot 5{,}7 \cdot 10^{-8} \cdot 10^4 \cdot 2 = 1{,}7 \cdot 10^{-4}\,\mathrm{gr\text{-}Kal/CGS}.$$

Die Ettingshausensche Wirkung erscheint in dieser Darstellung als eine Art transversaler Peltiereffekt und stellt damit eine Art reziproker Wirkung zu der transversalen Thermokraft vor, als die sich der Nernstsche Effekt ansehen läßt. Auch der gewöhnliche Peltiereffekt ließe sich ja durch das Eintreten einer stationären Temperaturverteilung zwischen den Lötstellen eines stromdurchflossenen, von vornherein konstant temperierten Thermopaares messen. Der Vergleich der oben gegebenen Zahl mit Tab. XIII, S. 73 zeigt, daß die Größe des v. Ettingshausenschen Effekts an sich gar nicht so unverhältnismäßig klein ist gegen die Peltierwirkung.

Wir stellen nun in Tabelle XXI noch eine Reihe von Zahlwerten für die vier Transversaleffekte zusammen. Die Werte sind den Arbeiten von Zahn entnommen, und sind besonders dadurch wertvoll, daß jeweils alle vier Werte an derselben Metallplatte bestimmt sind, so daß die durch die Materialbeschaffenheit bedingte Unsicherheit wenigstens für den Vergleich der Effekte

Tabelle XXI.

Koeffizienten der vier Transversaleffekte nach Zahn.

	R	S	Q	P
Iridium . .	$+\ 4{,}02 \cdot 10^{-4}$	$+\ 5{,}5 \cdot 10^{-8}$	$+\ 5\ \ \cdot 10^{-6}$	
Palladium I	$-\ 6{,}91 \cdot 10^{-4}$	$-\ 3{,}3 \cdot 10^{-8}$	$-\ 1{,}27 \cdot 10^{-4}$	
Palladium II	$-\ 11{,}12 \cdot 10^{-4}$	$-\ 1{,}8 \cdot 10^{-8}$	$-\ 0{,}51 \cdot 10^{-4}$	nicht
Platin . . .	$-\ 1{,}27 \cdot 10^{-4}$	$-\ 2{,}1 \cdot 10^{-8}$	sehr klein	meßbar
Kupfer . .	$-\ 4{,}28 \cdot 10^{-4}$	$-\ 23{,}2 \cdot 10^{-8}$	$+\ 2{,}7\ \ \cdot 10^{-4}$	
Silber . . .	$-\ 8{,}97 \cdot 10^{-4}$	$-\ 40{,}4 \cdot 10^{-8}$	$+\ 4{,}3\ \ \cdot 10^{-4}$	
Zink . . .	$+\ 10{,}4 \cdot 10^{-4}$	$+\ 12{,}9 \cdot 10^{-8}$	$+\ 2{,}4\ \ \cdot 10^{-4}$	
Eisen . . .	$+\ 10{,}8 \cdot 10^{-4}$	$+\ 39\ \ \cdot 10^{-8}$	$+\ 10{,}5\ \ \cdot 10^{-4}$	$-\ 5{,}7 \cdot 10^{-8}$
Stahl . . .	$+\ 133{,}6 \cdot 10^{-4}$	$+\ 68{,}7 \cdot 10^{-8}$	$+\ 16\,6\ \ \cdot 10^{-4}$	$-\ 6{,}7 \cdot 10^{-8}$
Nickel I . .	$-\ 46{,}9 \cdot 10^{-4}$	$-\ 20\ \ \cdot 10^{-8}$	$-\ 13\ \ \cdot 10^{-4}$	$+\ 2{,}8 \cdot 10^{-8}$
Nickel II .	$-\ 125 \cdot 10^{-4}$	$-\ 55\ \ \cdot 10^{-8}$	$-\ 35{,}5\ \ \cdot 10^{-4}$	$+\ 17{,}6 \cdot 10^{-8}$
Antimon . .	$+\ 2190 \cdot 10^{-4}$	$+\ 202\ \ \cdot 10^{-8}$	$-\ 176\ \ \cdot 10^{-4}$	$+\ 134 \cdot 10^{-8}$

untereinander ausgeschaltet ist. Zur Festsetzung der Vorzeichen gelten folgende, nicht ganz konsequent durchgeführte Regeln: Der Koeffizient erhält für ein Metall das positive Vorzeichen: Beim Hallschen Effekt (R), wenn man durch eine Drehung um 90⁰ im Sinne des das Feld erzeugenden Stromes von der Eintrittsstelle des Primärstromes zur Austrittsstelle des sekundären gelangt. Beim Nernstschen (Q) Effekt soll umgekehrt durch dieselbe Drehung die Entrittsstelle des Wärmestromes zu der des Sekundärstromes werden; beim v. Ettingshausenschen (P) und beim Leducschen (S) Effekt gilt positives Vorzeichen, wenn man durch die analoge Drehung von der Eintrittsstelle des primären Stromes zum warm werdenden Plattenrande gelangt.

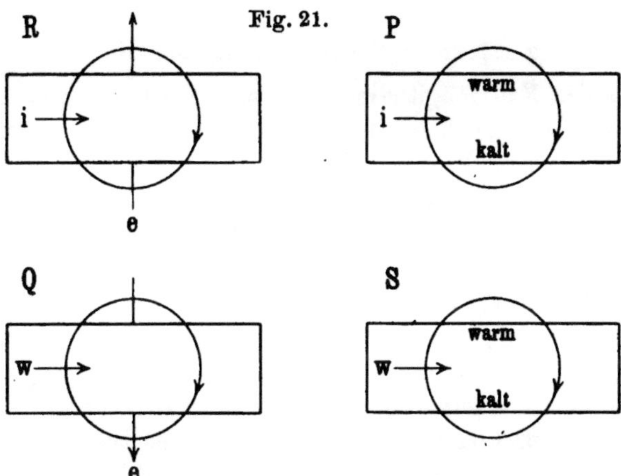

Die vier Schemata der Fig. 21 stellen die Richtungen der Effekte für positive Koeffizienten dar. Da der Pfeil des Magnetfeldstromes rechtsum läuft. ist gedacht, daß man in Richtung der Kraftlinien, auf den Südpol zu, sieht. Für Koeffizienten mit negativen Vorzeichen ist für R und Q die Richtung des vertikalen Pfeiles umzukehren, für P und S sind hier die Bezeichnungen warm und kalt zu vertauschen.

Die Longitudinaleffekte.

Allgemeines. Die vier Paare longitudinaler Effekte, die nach Tabelle XVII den im vorigen Abschnitt beschriebenen transversalen gegenüberstehen, sind bis auf die den Halleffekt entsprechenden nur wenig, zum Teil gar nicht untersucht. Sie treten in meßbarer Größenordnung meist nur am Wismut und an den ferromagnetischen Metallen auf, die schon bei den vier Transversaleffekten stets die größten aber auch unregelmäßigsten Wirkungen ergaben.

Wir folgern für sie zunächst wie bei den Transversaleffekten aus den Symmetrieverhältnissen die einfachsten Ansätze. Für den Fall transversaler Magnetisierung eines linearen Leiters (nur solche sind hier notwendig) ist augenscheinlich jede Feldrichtung in der Ebene senkrecht zum Leiter gleichwertig, also auch jeweils zwei entgegengesetzte. Die Wirkungen können mithin nur quadratische Funktionen der Feldstärke sein, und der einfachste Ansatz wäre

$$\text{Effekt} = \text{Const.} \times (\text{Feldstärke})^2.$$

Für den Fall longitudinaler Magnetisierung ergibt sich ein Ansatz von der gleichen Form aus der Natur des magnetischen Feldes als axialer Vektor. Dieser Ansatz ist nun bisher nur in wenigen Fällen durch die Beobachtung bestätigt, doch scheint ihm, soweit es sich um kleine Felder handelt, auch keine der vorhandenen Messungen zu widersprechen.

Die Widerstandsänderungen im Magnetfelde. Diese Erscheinungsgruppe ist von allen in diesem Kapitel besprochenen die der Beobachtung am leichtesten zugängliche. Sie ist auch am frühesten und meisten untersucht worden und ist jedenfalls die praktisch wichtigste dadurch, daß sie eine bequeme und verbreitete Methode der Messung magnetischer Felder geliefert hat. Zur Beobachtung der Effekte eignet sich jede Nullmethode der Widerstandsmessung, z. B. also die Wheatstonesche Brückenschaltung oder das Differentialgalvanometer.

Bei der Betrachtung der Resultate können wir, wie schon wiederholt im vorigen Abschnitt, die Metalle in drei Gruppen einteilen: die des Wismuts und seiner Verwandten, die der ferromagnetischen Metalle und die der übrigen. Bei der letztgenannten Gruppe ist der Effekt am kleinsten und nur schwer meßbar, dafür aber regelmäßig; Patterson[1]), Grunmach u. Weidert[2]) und Dagostino[3]) haben ihn für den Fall transversaler Magnetisie-

[1]) Phil. Mag. (6) 3, 643 (1902). — [2]) Ann. d. Phys. (4) 22, 141, 1907). — [3]) Rend. Acc. Linc. 8, 531, A (1908).

rung für eine Reihe von Metallen gemessen. Schreiben wir die relative Widerstandszunahme

$$\frac{\varDelta w}{w} = A H^2,$$

so ergeben sich folgende Werte des Koeffizienten A:

Cadmium . . .	$2{,}82 \cdot 10^{-12}$	Kupfer	$0{,}26 \cdot 10^{-12}$
Zink	$0{,}87 \cdot 10^{-12}$	Zinn	$0{,}23 \cdot 10^{-12}$
Gold	$0{,}37 \cdot 10^{-12}$	Palladium . . .	$0{,}11 \cdot 10^{-12}$
Silber	$0{,}26 \cdot 10^{-12}$	Platin	$0{,}06 \cdot 10^{-12}$

Mit Ausnahme des Wertes für Palladium sind die Zahlen von Patterson gegeben, die mit denen von Grunmach recht gut übereinstimmen. Wir entnehmen aus der Zahl für Gold z. B., daß in einem Felde von 10 000 Einheiten

$$\frac{\varDelta w}{w} = 0{,}37 \cdot 10^{-12} \cdot 10^8 = 0{,}000\,037.$$

Der Widerstand würde also um 37 Milliontel seines Betrages steigen. Da eine Temperatursteigerung von nur $^1/_{100}{}^0$ schon gerade die gleiche Widerstandsänderung hervorrufen würde, ist es klar, daß hierin die Hauptfehlerquelle liegt. Die Proportionalität mit dem Quadrat der Feldstärke traf innerhalb der Beobachtungsfehler zu. Longitudinale Magnetisierungen sind noch nicht untersucht.

Bei niedrigen Temperaturen ist, wie Laws[1]) am Beispiel des Cd und Zn zeigte, die Wirkung erheblich größer. Folgende (etwas umgerechneten) Zahlen geben den Wert von $10^{12} A$ nach seinen Beobachtungen:

	-186^0	$+18^0$	$+50^0$	$+100^0$
Cadmium . . .	51	2,60	1,70	0,98
Zink	18	0,88	0,58	—

Weit größer ist die Wirkung bei den ferromagnetischen Metallen, doch sind die Resultate der verschiedenen Beobachter noch schwer miteinander zu vereinbaren. Allgemein scheint hier das Resultat zu gelten, daß longitudinale Magnetisierung des Leiters den Widerstand vergrößert, während transversale ihn verkleinert. Es ist nun hier sehr schwer, den Fall rein transversaler Magnetisierung zu erreichen, denn wegen der sehr viel stärkeren Ent-

---

[1]) Phil. Mag. (6) **19**, 685 (1910).

magnetisierung eines Drahtes für Quermagnetisierung als für Längs-
magnetisierung werden schon bei sehr geringen Abweichungen von
der transversalen Stellung longitudinale Magnetisierungskompo-
nenten auftreten, besonders bei schwachen Feldern, wo die Magnetisierung noch weit von der Sättigung entfernt ist. Es scheint daher,
daß die quantitativen Resultate der meisten Beobachter für transversale Magnetisierung noch nicht als definitiv angesehen werden
können. So sind z. B. die in schwachen transversalen Feldern
öfters beobachteten Widerstandszunahmen wahrscheinlich nicht
als zutreffend anzusehen.

Bei Nickel, wo der Fall der transversalen Magnetisierung am
besten untersucht ist, erreicht bei 18⁰ die Widerstandsabnahme
in Feldern von 10 000 Gauß etwa 1 Proz.; sie wächst mit steigender
Temperatur. Bei Kobalt und Eisen ist sie schwächer.

Bei longitudinaler Magnetisierung, die hier durch Einführung
der Drähte in ein Solenoid bequem zu erreichen ist, tritt für Fe
und Ni eine Widerstandszunahme ein, die sich, wie der Halleffekt,
besser als Funktion der Magnetisierung wie als solche des Feldes
darstellen läßt, und zwar erweist sie sich, wie vorauszusehen, von
deren Quadrat abhängig. Auch die remanente Magnetisierung
läßt sich als dauernde Widerstandszunahme nachweisen.

Mit steigender Temperatur nimmt hier die Größe der Wirkung
ab. Beim Nickel zeigte Williams, daß sie in der Gegend der
kritischen Temperatur — etwa 380⁰ — verschwindet.

Die Gruppe des Wismuts schließlich gibt durch die Un-
gleichwertigkeit der verschiedenen Kristallrichtungen Anlaß zu besonderen Komplikationen. v. Everdingen hat an den Prismen,
an denen er den Halleffekt untersuchte, auch diese Wirkung gemessen und fand in einem Felde von 4600 Einheiten folgende
prozentischen Widerstandsänderungen:

1. Bei transversaler Magnetisierung:

Strom ∥ der kristallographischen Hauptachse . . . 13,0*

Strom ⊥ zur Hauptachse { Hauptachse ∥ Feld . . 2,9
{ Hauptachse ⊥ Feld . . 8,0*

2. Bei longitudinaler Magnetisierung:

Strom ∥ Hauptachse 2,5
Strom ⊥ Hauptachse 4,5*

Während außerhalb des Feldes sich die spezifischen Leitfähigkeiten der verschiedenen Kristallrichtungen durch ein zweiachsiges Ellipsoid darstellen lassen, so kann im Felde dazu ein dreiachsiges Ellipsoid notwendig sein, nämlich dann, wenn die Hauptachse senkrecht auf der Feldrichtung steht, also bei den mit * versehenen Zeilen der vorstehenden Aufstellung. Praktisch wichtiger ist der Fall des gepreßten Wismuts mit regelloser Kristallorientierung. Obgleich man hier nach dem Angegebenen ein ziemlich unregelmäßiges Verhalten verschiedener Stücke erwarten sollte, so zeigen sich doch die von der Firma Hartmann u. Braun durch Pressung im heißen Zustande aus elektrolytischem Wismut hergestellten Drähte so gleichartig, daß die Beobachtung ihres spezifischen Widerstandes im Magnetfelde direkt zur Feldmessung benutzt werden kann. Die Widerstandsänderung durch das Magnetfeld besitzt eine sehr bequem meßbare Größe (für 10 000 Gauß z. B. etwa 50 Proz.); für kleine Felder ist sie proportional dem Quadrat der Feldstärke, für größere wächst sie langsamer [1]). Die Wirkung der Temperatur auf die Erscheinung ist sehr erheblich und muß bei der Benutzung zur Feldmessung sorgfältig berücksichtigt werden. In der Umgebung der Zimmertemperatur kann man angenähert ansetzen, daß die Wirkung eines gegebenen Feldes, also das $\dfrac{\varDelta w}{w}$ für jeden Grad Temperaturzunahme, um 1,4 Proz. abnimmt. Für sehr niedrige Temperaturen erreicht daher die Widerstandssteigerung außerordentlich hohe Beträge; nach Du Bois und Wills ist z. B. das Verhältnis des Widerstandes im Felde von 37 500 Gauß zu dem feldfreien:

bei . . .	0^0	-79^0	-115^0	-180^0
$\dfrac{w'}{w}$ . . .	4	6	10	230

In der Nähe des Schmelzpunktes ($+ 269^0$) ist die Wirkung nur noch sehr klein, darüber nicht mehr mit Sicherheit nachweisbar.

Die Änderung des Wärmeleitvermögens im Magnetfelde. Über diese Erscheinung liegen nur Beobachtungen an Wismut und den ferromagnetischen Metallen vor. Zum Nachweis der Erscheinung ist außer den gewöhnlichen Methoden auch die Sénarmontsche Methode der Schmelzfiguren benutzt worden.

---

[1]) Zahlen siehe Kohlrauschs Lehrbuch, 11. Aufl., S. 520.

Wismut zeigte bei transversaler Magnetisierung eine Abnahme der Wärmeleitung im Felde, die (am gleichen Stück gemessen) kleiner war als die entsprechende Abnahme der elektrischen Leitfähigkeit. Die Abhängigkeit von der Feldstärke ist noch nicht zuverlässig bekannt. Bei Eisen und Nickel sind die Wirkungen sowohl bei transversaler wie bei longitudinaler Magnetisierung nachgewiesen, doch nur unsicher bestimmt worden. Die Beträge sind etwa von der gleichen Größenordnung wie die der Widerstandsänderung.

Thermoelektrische Kräfte zwischen magnetisierten und nichtmagnetisierten Leitern. Auch diese Erscheinung ist bisher nur an Wismut und einigen seiner Legierungen und an den ferromagnetischen Metallen gemessen worden. Die Beobachtung erfolgt ähnlich wie bei den S. 69 beschriebenen thermoelektrischen Kräften unter Druck. Das Schema der Fig. 14 kann direkt auf diesen Fall übertragen werden, wenn man sich die linke Leiterhälfte statt in das Druckrohr in ein longitudinales oder transversales Magnetfeld gebracht denkt. Die entstehende thermoelektromotorische Kraft ergab sich bei Wismut im transversalen Felde zwar nahe der Temperaturdifferenz proportional, aber sie stieg, wie nach S. 112 zu erwarten war, in erster Annäherung mit dem Quadrat der Feldstärke. Reines Wismut erweist sich im magnetischen Zustande als negativ gegen nicht magnetisiertes, d. h. die Richtung des Effekts ist umgekehrt wie die durch den Pfeil der Fig. 14 angegebene. Im Felde von 6000 Gauß ergaben sich bis zu 11 Mikrovolt pro Grad. Bei den ferromagnetischen Metallen ist der Effekt weit kleiner.

Es beantwortet sich durch diese Ergebnisse wohl auch die Frage, ob ein Magnetfeld direkt auf die Thermokraft irgend einer Metallkombination wirkt. Nach dem Satze von der thermoelektrischen Spannungsreihe (S. 62) ergibt sich nämlich, ebenso wie bei der Druckwirkung, daß die Wirkung eines Magnetfeldes auf eine thermoelektrische Kombination gleich sein muß der Differenz der durch die Magnetisierung bei den beiden einzelnen Metallen hervorgebrachten thermoelektrischen Kraft.

Die Umkehrung des letztbesprochenen Effekts, die **Peltierwirkung zwischen magnetisierten und nichtmagnetisierten Leitern,** ist bisher nur für Wismut beobachtet worden. Seiner Richtung nach entspricht er dem gewöhnlichen Peltiereffekt,

d. h. die durch die entstehende Temperaturdifferenz hervorgebrachte Thermokraft wirkt dem sie hervorbringenden Strom entgegen, wie thermodynamisch vorauszusehen ist.

Wechselstrom-Gleichstromeffekt am Wismut.

Eine ganz für sich stehende Gruppe von Erscheinungen, die zum Teil durch magnetische Kräfte beeinflußt werden, ist am Wismut, in schwächerem Maße auch am Antimon und Tellur beobachtet worden. Lenard fand 1890, daß diese Körper für Wechselstrom von genügend hoher Periodenzahl einen kleineren Widerstand zeigen als für Gleichstrom. Ein dem Strom paralleles Magnetfeld verstärkte (bei Wismut) diesen Unterschied, ein dazu senkrechtes schwächte ihn, so daß er sich über 6000 Gauß umkehrte.

Eine genauere Aufklärung über die Erscheinung brachte die Zerlegung in die während des Stromanstiegs und Abfalls erfolgenden Vorgänge, die mit besonderem Erfolg durch Pallme-König [1]) mit Hilfe des Pendelunterbrechers ausgeführt wurde. Er konnte mit Hilfe dieses Instruments den Widerstand eines Wismutdrahts in einem sehr kurzen Zeitintervall, während der Meßstrom anstieg oder abfiel, bestimmen. Das Ergebnis war, daß bei steigendem Strom der Widerstand kleiner, bei fallendem größer war als bei konstantem Strom. Diese Tatsache ließ sich so ansehen, als ob der Wismutdraht in der ersteren Phase elektrische Energie aufnähme, die er in der zweiten wieder abgab. Es handelt sich also nicht um Änderungen des wahren Ohmschen Widerstandes, sondern um einen Vorgang ähnlich dem bei Aufladung eines Kondensators.

Seidler [2]), der diese Untersuchung fortsetzte, zeigte dann, daß die im Draht aufgespeicherte elektrische Energie als elektromotorische Kraft noch kurze Zeit nachweisbar ist, nachdem der Strom, der sie hervorgebracht hat, schon erloschen ist, ja daß sie sogar einen Kurzschluß der Drahtenden überdauert, ohne dadurch in ihrem zeitlichen Verlauf verändert zu werden. Er fand ferner das für eine eventuelle Erklärung sehr wichtige Resultat, daß die Kristallstruktur des Präparats wesentlich ist für das Ergebnis.

---

[1]) Ann. d. Phys. [4] **25**, 921 (1908). — [2]) Daselbst **32**, 337 (1910).

Die Erscheinungen treten um so besser hervor, je gröber die Struktur ist. Aus Wismutpulver gepreßter Draht und flüssiges Wismut ergaben nichts. Die Modifikationen der Erscheinungen in einem magnetischen Felde sind zu kompliziert, um hier in Kürze beschrieben zu werden.

Eine hinreichende Erklärung [1]) ist noch nicht möglich, doch scheidet nach Seidler die Zurückführung auf Induktionsvorgänge oder auch auf elektrostatische Ladungen, auch die auf Peltier-effekte und deren Umkehrung, hierfür mit Sicherheit aus.

Zur Theorie der galvanomagnetischen Erscheinungen.

Die theoretische Behandlung der in diesem Kapitel beschriebenen Erscheinungen ist sowohl vom Standpunkt der Thermodynamik, wie von dem der Elektronentheorie unternommen worden. Wegen des Zusammenwirkens mehrerer Kräfte und wegen des unvermeidlichen beständigen Ineinandergreifens der Erscheinungen selbst ist ihre Durchführung weitaus schwieriger, als bei den zuvor behandelten Gegenständen, und ist bisher überhaupt nicht im gleichen Grade möglich gewesen. Andererseits macht auch die öfters betonte Unvollkommenheit der Beobachtungen die exakte Prüfung einer Theorie vorläufig überhaupt unmöglich. Wir beschränken uns daher auf eine kurze Darstellung der bisher versuchten Ansätze.

Aus dem Energiesatz, den natürlich alle Theorien explizit oder implizit enthalten, läßt sich zunächst für den Halleffekt eine direkte Folgerung ziehen. Sei e die elektromotorische Kraft des Halleffekts, w' der Widerstand seines gesamten Stromkreises, so ist $\dfrac{e^2}{w'}$ die in diesem Stromkreis pro Sekunde umgesetzte elektrische Energie. Diese muß natürlich der Energie des Primärkreises mit entnommen werden. Daher muß, bei konstant erhaltenem Primärstrom i, die Platte eine scheinbare Widerstandsvermehrung Δw zeigen, und das $i^2 \Delta w$ muß gleich der im Hallkreis verbrauchten Energie gesetzt werden können. In diese Gleichung

$$i^2 \Delta w = \frac{e^2}{w'}$$

<hr>

[1]) Siehe Seidler, Diss., S. 103. Leipzig 1910.

setzen wir ein nach S. 98:

$$e = \frac{R.H.i}{d},$$

wo d die Plattendicke ist, und erhalten so

$$\Delta w = \frac{R^2 H^2}{d^2 w'}$$

und die relative Widerstandszunahme

$$\frac{\Delta w}{w} = \frac{R^2 H^2}{d^2 w . w'}.$$

Führen wir noch den spezifischen Widerstand σ des Plattenmaterials und ihre Länge und Breite ein, so wird

$$w = \sigma \frac{l}{b\,d}.$$

Ferner schreiben wir den Widerstand des Hallkreises als Summe von Platten- und äußeren Widerstand

$$w' = w_p + w_a = w_p\,(1 + g) \quad \left(\text{also } g = \frac{w_a}{w_p}\right)$$

und wie vorher

$$w_p = \sigma \frac{b}{l\,d},$$

dann wird zusammen

$$\frac{\Delta w}{w} = \frac{R^2 H^2}{\sigma^2\,(1 + g)} \quad \ldots \ldots \ldots \ldots \quad (1)$$

Diese Gleichung sagt aus, daß man eine Vergrößerung des Widerstandes der Hallplatte beobachten muß, wenn man den Hallstrom zustande kommen läßt. Dieser Effekt, der nichts mit der S. 112 besprochenen Widerstandsänderung im Magnetfelde zu tun hat, ist von v. Ettingshausen tatsächlich beobachtet worden.

Die Formel (1) läßt sich auch aus der Überlegung herleiten, daß durch den Hallstrom selbst wieder ein weiterer Halleffekt senkrecht zu seiner Richtung, also parallel der des Primärstroms hervorgerufen werden muß, der diesem entgegenwirkt. Boltzmann [1] hat das bezeichnete Resultat zuerst abgeleitet.

---

[1] Ges. Werke **3**, 200.

Der zweite Hauptsatz der Wärmelehre muß auf alle diejenigen Erscheinungen dieses Kapitels anwendbar sein, bei denen Wärme in elektrische Energie umgesetzt wird oder umgekehrt, also auf die Effekte von Nernst (Q) und von v. Ettingshausen (P) und auf ihre longitudinalen Analoga. Ebenso wie bei der Behandlung der thermoelektrischen Erscheinungen im vorigen Kapitel muß für eine quantitative Behandlung Reversibilität der Effekte vorausgesetzt werden. Wir wollen von diesem Gesichtspunkte aus die Effekte P und Q betrachten, um daraus wenigstens eine Vorzeichenregel für sie abzuleiten.

Wir nehmen an (Fig. 22), in einer Platte mit positivem Nernsteffekt werde durch den Wärmestrom im Magnetfelde der

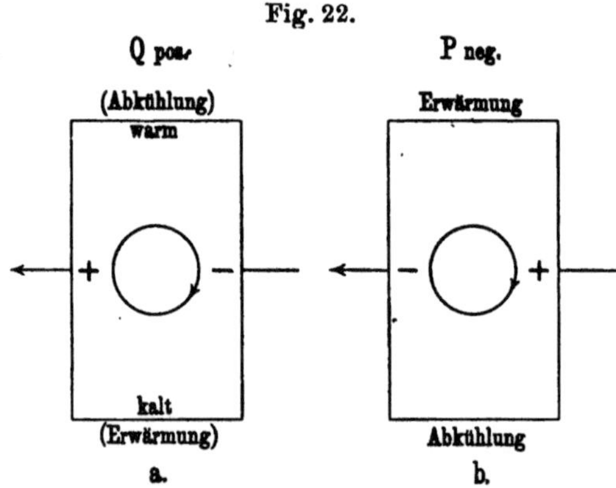

transversale Strom i erzeugt. Infolge der Existenz des Magnetfeldes muß dieser Strom wieder 1. einen transversalen Wärmeeffekt (P) und 2. einen longitudinalen Peltiereffekt (S. 116) an seiner Ein- und Austrittsstelle aus dem Felde hervorrufen. Letzterer Effekt muß aus Symmetriegründen an beiden Stellen in entgegengesetzt gleichem Betrage erscheinen, er scheidet also aus der Energiebetrachtung aus. Vom Effekt P dagegen ist anzunehmen, daß er die durch den zweiten Hauptsatz geforderte Abkühlung der warmen oder Erwärmung der kalten Plattenseite hervorbringt. Es würde sich daraus ein eindeutiger Richtungssinn von P für das Material der Platte ergeben, wie er durch die Bezeichnungen „Abkühlung" und „Erwärmung" in Fig. 22a angegeben ist. Dieser Richtungssinn ist aber nur dann richtig, wenn, wie im gedachten Falle, ein primärer Wärmestrom von vornherein vorhanden ist, wenn also in der Platte selbst der Sekundärstrom gegen das Potentialgefälle fließt. Bei der gewöhnlichen Beobachtungsmethode des P-Effekts, in einer überall gleichtemperierten Platte, ist aber das Gegenteil der Fall, der elektrische Strom fließt mit dem Potentialgefälle. Kehren wir dafür den Sinn der Bezeichnungen der Fig. 22 a um, also die in Fig. 22 b, so erhalten wir nach Fig. 21, S. 111 einen negativen Effekt P. Es ergibt sich also die Regel, daß unter den gemachten Voraussetzungen für jedes Metall P entgegengesetztes Vorzeichen haben muß wie Q, eine Regel, die durch Tabelle XXI bestätigt wird.

Eine Erweiterung über das rein thermodynamisch Beweisbare hinaus enthält ein von Moreau[1]) versuchter Ansatz, der den Nernstschen Effekt auf den Hallschen zurückführen soll. Wenn man die Thomsonwärme (S. 74) ansieht als das Resultat der Arbeitsleistung eines im ungleich temperierten Leiter vorhandenen Potentialgefälles beim Stromdurchgang, so kann man nach Moreau für die Potentialflächen in einem solchen Leiter die gleiche Drehung durch ein Magnetfeld voraussetzen, wie sie nach Hall für die eines elektrisch durchströmten Leiters stattfindet. Ist σ der Thomsonkoeffizient in mechanischen Einheiten, so ist $\sigma \cdot \dfrac{d\tau}{dx}$ die beim Durchgang der Elektrizitätsmenge 1 CGS (im Sinne fallender Temperaturen) zwischen zwei um 1 cm voneinander entfernten Querschnitten entwickelte Wärmemenge in Erg. Wir setzen ihr mit Moreau die durchlaufene Potentialdifferenz, das Potentialgefälle pro Zentimeter, gleich, schreiben also hierfür

$$E = \sigma\, \frac{d\tau}{dx}.$$

In dem S. 98 unter (1) gegebenen Ausdruck für den Hallkoeffizienten ersetzen wir weiter j durch das Produkt aus Leitfähigkeit und Potentialgefälle, erhalten also

$$e = R . H . E . \varkappa . b.$$

---

[1]) Journ. de phys. (3) 9, 498 (1900).

Wenn wir hierin nun das eben gefundene Potentialgefälle der Temperaturdifferenz einsetzen, so wird

$$e = R \cdot H \cdot \varkappa \cdot \sigma \cdot \frac{d\tau}{dx},$$

und wenn wir diesen Ausdruck schließlich vergleichen mit der transversalen Potentialdifferenz, wie sie direkt durch den Nernsteffekt nach (3) S. 99 gegeben ist, also mit

$$e = Q \cdot H \cdot \frac{d\tau}{dx} \cdot b,$$

so ergibt sich

$$Q = - R \cdot \varkappa \cdot \sigma$$

(das negative Vorzeichen folgt mit Rücksicht auf Fig. 20, S. 111). Diese Beziehung zwischen Nernst- und Halleffekt trifft dem Vorzeichen nach meist zu. Die auch zahlenmäßige Übereinstimmung, die Moreau an einigen Beispielen fand, darf bei der öfters betonten Unsicherheit der Beobachtungsdaten nicht zu hoch bewertet werden.

Für die Elektronentheorie der Metalle sind die galvanomagnetischen Erscheinungen dasjenige Gebiet, wo sie sich vorläufig noch als unzureichend erweist. Die Grundlage für die Behandlung der Erscheinungen sollte hier durch die Theorie der Ablenkung der Kathodenstrahlen im magnetischen Felde geliefert werden. Für den Halleffekt würde dies folgendes Resultat ergeben: Bewegt sich negative Elektrizität im Leiter mit einer Geschwindigkeit c, so erfährt jedes Elektron bei Erzeugung eines magnetischen Transversalfeldes H eine auf freier Bewegungsrichtung und auf H senkrechte Kraft von der Größe $e.c.H$. Wenn die Ränder der leitenden Platte isoliert sind, so muß durch diese Kraft ein transversales Potentialgefälle zustande kommen, welches ihre Wirkung auf die Elektronen gerade aufhebt. Bezeichnen wir es mit E, so muß

$$E.e = e.c.H,$$

mithin

$$E = c.H$$

sein. Diese Berechnung wurde von Boltzmann schon 1880 in ähnlicher Weise angegeben. Nun ist aber augenscheinlich, daß sie einen Halleffekt stets bloß in ein und demselben Sinne liefert, wie er eben durch den Ablenkungssinn der Kathodenstrahlen gegeben ist, und zwar würde sich die Richtung wie beim Wismut ergeben, also negatives R verlangen. Es gibt aber eine ganze Reihe von Leitern mit positivem Koeffizienten R. Der Ausweg, auch positive frei bewegliche Ladungen anzunehmen, um diese Tatsache zu erklären, führt aber zu so vielen anderweitigen Schwierigkeiten, daß er auch nicht zulässig erscheint. Ähnlich liegen die Verhältnisse bei den übrigen Transversaleffekten. Es erscheint also notwendig, die angedeutete Theorie mit einer Art Elektronen noch in irgend einer Weise zu vervollständigen, wozu Wege vorhanden und auch schon vorgeschlagen sind.

Wie auch immer eine solche Theorie ausgebildet werden mag, so wird sie doch jedenfalls das bei der Natur der elektromagnetischen Wirkung stets zu erwartende Resultat enthalten, daß die transversale Kraft der gemeinsamen Wanderungsgeschwindigkeit der Elektronen und dem Felde proportional ist. Von diesem Standpunkte aus können wir die S. 104 angegebene Beobachtung Steinbergs über den Halleffekt im Kupferjodür verstehen. In dieser Substanz läßt sich, nach S. 24, die Elektronenkonzentration n in weitgehendem Maße durch Jodzusatz abstufen. Um nun eine gegebene Primärstromdichte j in einer Kupferjodürschicht zu erzeugen, muß in dem Produkt

$$j = n \cdot e \cdot c$$

c, die Elektronengeschwindigkeit, stets umgekehrt proportional n gemacht werden. Messen wir also den Halleffekt bei gegebener Primärstromdichte, so müssen wir ihn umgekehrt proportional zu n, also auch zur Leitfähigkeit finden, innerhalb der Grenzen, in denen diese selbst zu n streng proportional gesetzt werden darf. Erst wenn die freie Weglänge der Elektronen auch durch den Jodgehalt beeinflußt wird, trifft diese Voraussetzung nicht mehr zu. Es entspricht dies den S. 104 angegebenen Beobachtungen.

Auf Grund der gleichen Voraussetzungen hat J. J. Thomson[1]) auch eine Berechnung der Widerstandsänderung eines Leiters im Magnetfelde ausgeführt. Ein frei bewegliches Elektron, welches gleichzeitig der Wirkung zueinander senkrechter elektrischer und magnetischer Kräfte ausgesetzt ist, beschreibt eine

---

[1]) Rapp. Congr. Phys. **3**, 143. Paris 1900.

komplizierte Bahn, auf der es in der Richtung der elektrischen Kraft im Durchschnitt eine etwas geringere Geschwindigkeit erreicht als ohne Magnetfeld. Die Betrachtung liefert also eine Verkleinerung des elektrischen Stromes durch das Magnetfeld, also eine Widerstandszunahme, die ja tatsächlich der häufigere Fall ist. Im übrigen ist die Berechnung wohl vorläufig den gleichen Bedenken ausgesetzt wie die vorher für den Halleffekt angegebene, und die darauf begründete Berechnung von Elektronenkonzentrationen, die öfters vorgenommen wurde, hat nur bedingten Wert.

Fünftes Kapitel.

Optische Eigenschaften der metallischen Leiter.

Durch die elektromagnetische Natur des Lichtes ist ein Zusammenhang der elektrischen und optischen Eigenschaften auch für die Metalle gegeben. Maxwell selbst zeigte schon [1]), daß elektrische Wellen in guten Leitern stark absorbiert werden müssen, daß also die Metalle nur wenig durchsichtig sein können; auch berechnete er den Betrag dieser Absorption. Die Beobachtungen im sichtbaren Spektrum rechtfertigten sein Ergebnis aber nur wenig. Erst als es Hagen und Rubens gelang, Beobachtungen im Gebiete der langwelligen Wärmestrahlung anzustellen, ergab sich eine nunmehr sogar sehr vollkommene Bestätigung der Theorie. Der Grund dieses Unterschiedes läßt sich jetzt leicht angeben. In der Tat wurde in der Maxwellschen Betrachtungsweise zunächst bloß die Eigenschaft der Metalle, die Elektrizität zu leiten, eingeführt. Für die wesentlich schnelleren Lichtschwingungen erweist es sich aber als notwendig, auch den von vornherein nur bei Isolatoren direkt beobachteten Vorgang der dielektrischen Polarisation auch in Leitern anzunehmen. Die Wirkung dieses Vorganges auf die Ausbreitung elektromagnetischer Wellen in Isolatoren wurde zuerst von Helmholtz 1892

---

[1]) El. u. Magn., Art. 798 bis 800; deutsche Ausgabe Bd. 2, S. 552.

auf der Betrachtung schwingender Ladungen der Moleküle begründet. Sie stellt eine der ersten Anwendungen des Elektronenbegriffs überhaupt dar. Die Ausdehnung der Theorie auf die Metalle, eine konsequente Durchführung der Elektronentheorie in der Optik, wurde von Drude[1]) 1899 im Anschluß an seine Elektronentheorie der metallischen Leitung gegeben.

Die optischen Konstanten der Metalle.

Die optischen Konstanten der Metalle, auf die die Theorie zunächst führt, Absorptions- und Brechungsindex, sind nur schwierig und ungenau nach den Methoden zu bestimmen, die bei durchsichtigen Körpern in Gebrauch sind, d. h. durch Beobachtung der Ablenkung durch Prismen und der Schwächung durch eingeschobene Platten des zu untersuchenden Körpers. In der Regel ist man darauf angewiesen, die Eigenschaften des von den Metallen reflektierten Lichtes zu beobachten und aus ihnen indirekt Brechungs- und Absorptionskoeffizienten zu berechnen.

Für die Prüfung der Maxwellschen Theorie, im langwelligen Spektrum, reicht schon die Bestimmung des Reflexionsvermögens bei senkrecht einfallendem Licht aus, also die hier mit Thermosäule oder Bolometer auszuführende Bestimmung des Verhältnisses von reflektierter zu einfallender Strahlungsintensität. Da aber diese Größe sich der Zahl 1 immer mehr nähert, je größer die Wellenlänge der benutzten Strahlung ist, so wird hier auch ihre genaue Bestimmung immer schwieriger. Es ist daher günstig, daß man statt ihrer auch das dann leichter zu messende Emissionsvermögen bestimmen kann, das mit dem Reflexionsvermögen nach Kirchhoffs Gesetz zusammenhängt. Ist nämlich die von einer auffallenden Intensität 1 reflektierte Menge r, so ist $1 - r$ absorbiert worden, und ist weiter für dieselbe Fläche und Wellenlänge bei gleicher Temperatur die pro Quadratzentimeter emittierte Energie e, für den schwachen Körper unter gleichen Umständen e_s, so gilt nach Kirchhoff

$$\frac{e}{1-r} = e_s, \quad \text{also} \quad 1 - r = \frac{e}{e_s},$$

---

[1]) Phys. Zeitschr. 1, 161 (1900).

d. h. die Differenz des Reflexionsvermögens gegen 1 ist gleich dem Quotienten aus der vom Metall pro Quadratzentimeter emittierten Strahlungsenergie und der eines schwarzen Körpers. Es genügt also, diese letzteren beiden Größen in ein und derselben bolometrischen Vorrichtung vergleichend zu messen.

Für die Prüfung der Theorie der Erscheinungen im kurzwelligen Spektrum ist dagegen die vollständige Kenntnis des Verlaufs von Brechungs- und Absorptionskoeffizient notwendig. Man gewinnt sie meistens durch Beobachtung der Reflexionserscheinungen bei schräg einfallendem polarisierten Licht. Fällt linear polarisiertes Licht auf einen Metallspiegel, so ist es im allgemeinen nach der Reflexion elliptisch polarisiert, d. h. die beiden Komponenten parallel und senkrecht zur Einfallsebene erfahren eine Phasenverschiebung gegeneinander (die bei durchsichtigen Körpern nicht eintritt); außerdem werden sie (wie bei durchsichtigen Körpern) ungleich stark reflektiert. Am übersichtlichsten und theoretisch am leichtesten zu verwerten werden die Beobachtungen, wenn man bei den Messungen:

1. denjenigen Einfallswinkel aufsucht, bei dem die genannte Phasenverschiebung gerade $1/_4$ Wellenlänge beträgt, den sogenannten Haupteinfallswinkel;

2. wenn man unter diesem Einfallswinkel Licht einfallen läßt, dessen Schwingungsebene unter 45^0 gegen die Einfallsebene geneigt ist, dessen Komponenten parallel und senkrecht zu dieser also gleich sind. Hat man die bei der Reflexion entstandene Phasendifferenz von $\frac{1}{4}\lambda$ durch eine geeignete Vorrichtung aufgehoben, so bleibt linear polarisiertes Licht, dessen Polarisationsebene nunmehr einen bestimmten Winkel mit der Einfallsebene bildet, das Hauptazimut.

Die Berechnung der Brechung und Absorption aus Haupteinfallswinkel und Hauptazimut ist eine nicht ganz einfache Aufgabe der Optik, deren Beschreibung hier übergangen werden muß. Eine Zusammenfassung der Resultate und Literaturangaben findet sich in Kohlrauschs Lehrbuch, 11. Aufl., S. 342.

Gelegentlich sind Bestimmungen des Brechungsindex auch nach der Prismenmethode ausgeführt worden, nachdem zuerst Kundt 1888 gezeigt hatte, wie sich hinreichend dünne, noch durchsichtige Prismen aus Metallen herstellen lassen. Diese direkte Methode kann aber nie auf den gleichen Genauigkeitsgrad gebracht werden wie die zuvor beschriebene. Sie liefert daher nur eine gelegentlich wertvolle Bestätigung jener.

Theorie der elektromagnetischen Wellen in Leitern.

Das System der Maxwellschen Gleichungen in der allgemeinsten Form ist für alle Körper, Leiter wie Isolatoren, gültig, und ohne Einschränkungen betreffend die Schwingungsdauer des gerade zu betrachtenden elektromagnetischen Vorganges. Für die Behandlung der zunächst hauptsächlich interessierenden Erscheinung der senkrechten Reflexion langwelliger Strahlen an guten Leitern werden wir einige die Allgemeingültigkeit beschränkende spezielle Voraussetzungen ausführen können, mit denen sich folgender Gang der Überlegungen ergibt.

Wenn wir die Komponenten des elektrischen Stromes mit u, v, w, die elektrischen Kräfte im statischen Maß mit X, Y, Z, die magnetischen mit α, β, γ bezeichnen und $c = 3 . 10^{10}$ ist, so lauten die Maxwellschen Gleichungen:

$$4\pi u = \frac{\partial \gamma}{\partial y} - \frac{\partial \beta}{\partial z} \qquad \frac{\mu}{c} \frac{\partial \alpha}{\partial t} = \frac{\partial Y}{\partial z} - \frac{\partial Z}{\partial y}$$

$$4\pi v = \frac{\partial \alpha}{\partial z} - \frac{\partial \gamma}{\partial x} \qquad \frac{\mu}{c} \frac{\partial \beta}{\partial t} = \frac{\partial Z}{\partial x} - \frac{\partial X}{\partial z}$$

$$4\pi w = \frac{\partial \beta}{\partial x} - \frac{\partial \alpha}{\partial y} \qquad \frac{\mu}{c} \frac{\partial \gamma}{\partial t} = \frac{\partial X}{\partial y} - \frac{\partial Y}{\partial x}$$

Wir wollen nun für die folgende Betrachtung ein System von ebenen Wellen voraussetzen, bei denen alle auftretenden elektrischen und magnetischen Größen nur nach einer Koordinate, nämlich x, veränderlich sind. Wir setzen also alle Differentialquotienten nach y und z gleich Null. Außerdem wollen wir dieses System als linear polarisiert annehmen, und zwar sei y die Richtung des magnetischen, z die des elektrischen Vektors, also α, γ, X, $Y = 0$. Da bei der senkrechten Inzidenz alle Richtungen gleichwertig sind, liegt darin keine Einschränkung. Schließlich wollen wir die Magnetisierungskonstante μ immer gleich 1 setzen. Auch für die ferromagnetischen Metalle ist dies, wie Drude gezeigt hat, im Gebiet der optischen Schwingungen ohne Einschränkung zulässig. Vom System der Maxwellschen Gleichungen bleibt dann nur stehen:

$$(1) \quad \cdots \quad \frac{\partial \beta}{\partial x} = 4\pi w \quad \text{und} \quad \frac{1}{c}\frac{\partial \beta}{\partial t} = \frac{\partial Z}{\partial x}.$$

Die elektrische Stromdichte w in einem Leiter setzen wir nun nach S. 124 zusammen aus dem galvanischen Strom und dem Verschiebungsstrom, dem zeitlichen Zuwachs der dielektrischen Polarisation. Für den ersteren gilt Ohms Gesetz, also, da für die elektrische Kraft das statische Maß angenommen war,

$$(2) \quad \cdots \cdots \cdots \quad c\,w_1 = \varkappa.Z.$$

Für den Verschiebungsstrom gilt

$$(2') \quad \cdots \cdots \cdots \quad c\,w_2 = \frac{\varepsilon}{4\pi}\frac{\partial Z}{\partial t}.$$

So erhält man das Gleichungspaar

$$(3) \quad \cdots \quad \frac{\partial \beta}{\partial x} = \frac{4\pi\varkappa}{c}Z + \frac{\varepsilon}{c}\frac{\partial Z}{\partial t} \quad \text{und} \quad \frac{1}{c}\frac{\partial \beta}{\partial t} = \frac{\partial Z}{\partial x}.$$

Aus diesen Gleichungen läßt sich β eliminieren, indem man die erste nach t, die zweite nach x differenziert. Es wird

$$(4) \quad \cdots \cdots \quad c\,\frac{\partial^2 Z}{\partial x^2} = \frac{4\pi\varkappa}{c}\frac{\partial Z}{\partial t} + \frac{\varepsilon}{c}\frac{\partial^2 Z}{\partial t^2}.$$

Umgekehrt erhält man eine Gleichung, die nur β enthält, wenn man die erste Gleichung (3) nach x und die zweite nach t differenziert; es wird so

$$(4') \quad \cdots \cdots \quad c\,\frac{\partial^2 \beta}{\partial x^2} = \frac{4\pi\varkappa}{c}\frac{\partial \beta}{\partial t} + \frac{\varepsilon}{c}\frac{\partial^2 \beta}{\partial t^2}.$$

Die Integrale der beiden formell übereinstimmenden Differentialgleichungen (4) und (4') stellen den zeitlichen und räumlichen Verlauf des elektrischen und magnetischen Vektors einer ebenen linear polarisierten Welle in einem Leiter dar. Für $\varkappa = 0$ nehmen sie die bekannte Form der Wellengleichung im Isolator an, für den leeren Raum speziell wird auch noch $\varepsilon = 1$. Solche Integrale lassen sich nun sowohl für Leiter wie für das Vakuum angeben. Wir werden dazu periodische Funktionen wählen können, die so beschaffen sind, daß sie an der (ebenen) Grenze zwischen Vakuum und Leiter die Bedingung erfüllen, daß die tangentialen Komponenten der magnetischen und elektrischen Kraft dauernd innen und außen gleich sind, daß sie also elektromagnetisch mögliche Zustände darstellen, die stets diese Bedingung erfüllen müssen. Normale Komponenten sind nicht vorhanden.

Diese Forderungen lassen sich erfüllen mit *sin*- oder *cos*-Funktionen. Für die Rechnung ist es übersichtlicher, statt solcher die Exponentialfunktion mit komplexen Exponenten zu schreiben, und nur etwa den reellen Teil des Ausdrucks als Auflösung anzusehen. Wir schreiben also

$$Z = A\, e^{\frac{2\pi i}{\tau}(t - m x)},$$

worin τ die Periode des Schwingungsvorganges ist und der konstante Koeffizient m durch Einsetzen von Z in (4) bestimmt wird. Dabei wird erhalten

$$m^2 c^2 = \varepsilon - 2\pi\tau i \ldots \ldots \ldots \ldots (5)$$

Die Wurzel dieses komplexen Ausdrucks setzen wir gleich $\nu - \alpha i$, so daß

$$m^2 c^2 = (\nu - \alpha i)^2 \ldots \ldots \ldots \ldots (5')$$

Damit wird die elektrische Kraft erhalten als

$$Z = A\, e^{-\frac{2\pi\nu x}{c\tau}} . e^{2\pi i\left(\frac{t}{\tau} - \frac{\nu x}{c\tau}\right)}.$$

Nun ist aber $c\tau$ die Wellenlänge λ_0 im leeren Raum. Wenn wir diese einführen, und schließlich den reellen Teil des Ausdrucks als tatsächlichen Wert der elektrischen Kraft nehmen, so wird

$$Z = A\, e^{-\frac{2\pi\alpha x}{\lambda_0}} \cos 2\pi\left(\frac{t}{\tau} - \frac{\nu x}{\lambda_0}\right).$$

Man sieht an diesem Ausdruck, daß in einem gegebenen Moment t der *cos* für alle die Argumente gleich ist, für die sich x um $\dfrac{\lambda_0}{\nu}$ oder ein ganzes Vielfaches davon unterscheidet. $\dfrac{\lambda_0}{\nu}$ ist also die Wellenlänge im Leiter, ν mithin sein Brechungsindex [1]. Dabei sinkt aber die Amplitude des *cos* mit jedem Fortschreiten um λ_0 auf den Bruchteil $e^{-2\pi\alpha}$ des vorherigen Wertes. Man

---

[1] Hiermit darf nicht die Vorstellung verbunden werden, als ob bei nicht senkrechtem Einfall der Brechungsvorgang ebenso allein durch diesen Index bestimmt sei wie bei durchsichtigen Körpern; vielmehr ist er auch durch die Absorption beeinflußt.

nennt α den Absorptionskoeffizienten [1]). Die Gleichungen (5) und (5') ergeben nun, daß

$$(6) \quad \cdots \quad \begin{cases} \nu^2 - \alpha^2 = \varepsilon \\ \nu\,\alpha = \varkappa\,\tau \end{cases},$$

woraus

$$(6') \quad \cdots \quad \left\{ \text{und} \quad \begin{aligned} \nu &= \sqrt{\tfrac{1}{2}\left(\sqrt{4\,\varkappa^2\,\tau^2 + \varepsilon^2} + \varepsilon\right)} \\ \alpha &= \sqrt{\tfrac{1}{2}\left(\sqrt{4\,\varkappa^2\,\tau^2 + \varepsilon^2} - \varepsilon\right)} \end{aligned} \right.$$

Das letztere Resultat enthält insbesondere die von **Maxwell** angegebene Tatsache, daß die Absorption elektrischer Wellen im Leiter um so stärker ist, je größer seine Leitfähigkeit.

Die Bestimmung des Ausdrucks für den magnetischen Vektor β muß formell auf denselben Ausdruck wie für Z führen, da die Differentialgleichungen beider identisch sind. Bei der Bestimmung der Koeffizienten ist jedoch zu bedenken, daß auch die Gleichung (3) erfüllt werden muß. Schreiben wir zunächst analog S. 129

$$\beta = B \cdot e^{\frac{2\pi i}{\tau}(t - mx)},$$

so folgt aus

$$\frac{1}{c}\frac{\partial \beta}{\partial t} = \frac{\partial Z}{\partial x}$$

$$B = -c\,m\,A.$$

Der Faktor $c\,m$, der nach (5') gleich $\nu - \alpha i$ ist, läßt sich durch die Transformation

$$\nu = \varrho\,cos\,\varphi, \qquad \alpha = \varrho\,sin\,\varphi,$$

worin

$$\varrho^2 = \nu^2 + \alpha^2 \quad \text{und} \quad + \gamma\,\varphi = \frac{\alpha}{\nu},$$

auf die Form bringen

$$\nu - \alpha i = \sqrt{\nu^2 + \alpha^2} \cdot e^{-i\varphi}.$$

---

[1]) Diese von O. **Wiener** empfohlene Definition des Absorptionskoeffizienten ist auch in **Kohlrausch**s Lehrbuch, 11. Aufl., acceptiert. **Drude** im Lehrbuch der Optik bezeichnet als Absorptionsindex $\varkappa$ das ν fache.

Setzt man hierin schließlich die aus (6') folgenden Werte für v und α ein, und schreibt noch $\varphi = \dfrac{2\,\pi\,\delta}{\tau}$, so wird

$$B = -A \sqrt[4]{4\,\varkappa^2\,\tau^2 + \varepsilon^2} \cdot e^{-\frac{2\pi i\delta}{\tau}}$$

und der magnetische Vektor

$$\beta = -A \sqrt[4]{4\,\varkappa^2\,\tau^2 + \varepsilon^2} \cdot e^{-\frac{2\pi\alpha x}{\lambda_0}} \cos 2\,\pi \left(\frac{t}{\tau} - \frac{v\,x}{\lambda_0} - \frac{\delta}{\tau} \right),$$

β ist also gegen Z in der Amplitude und in der Phase verschieden.

Zur Bestimmung des Reflexionsvermögens, die der eigentliche Zweck unserer Ableitung ist, setzen wir nun noch die Ausdrücke für die elektrischen und magnetischen Kräfte im leeren Raum an, die der Form nach mit den im Leiter geltenden übereinstimmen müssen, wenn $\varkappa$ zu Null wird. Für die einfallende Welle gilt

$$Z = \beta = A_e\, e^{\frac{2\pi i}{\tau}(t - m x)},$$

für die reflektierte

$$-Z = \beta = A_r\, e^{\frac{2\pi i}{\tau}(t - m x)}.$$

Man überzeugt sich, daß diese Gleichungen mit (1) im Vakuum verträglich sind, wenn man m die hier aus (5) hervorgehenden Werte $+\dfrac{1}{c}$ oder $-\dfrac{1}{c}$ erteilt. Das Reflexionsvermögen wird schließlich

$$r = \frac{(A_r)^2}{(A_e)^2}.$$

Nun muß aber nach S. 128 für $x = 0$, in der Grenzfläche, die magnetische und elektrische Kraft dauernd innen und außen gleich sein. Das ist nur möglich, wenn die Summe der außen vorhandenen einfallenden und reflektierten Amplituden gleich der eindringenden ist, wenn also bei der elektrischen Kraft

$$A_e - A_r = A$$

und bei der magnetischen

$$A_e + A_r = B = A\,(v - i\,\alpha).$$

Hieraus folgt

$$A_e = \tfrac{1}{2} A (1 + v - i\alpha)$$
$$A_r = \tfrac{1}{2} A (1 - v - i\alpha)$$

und hieraus ergibt sich das Reflexionsvermögen zu

$$r = \frac{(1 - v)^2 + \alpha^2}{(1 + v)^2 + \alpha^2}.$$

Dieser noch allgemein geltende Ausdruck vereinfacht sich nun, wenn wir uns auf Wellen von großer Schwingungsdauer beschränken. Ist nämlich τ hinreichend groß, so kann in den Ausdrücken (6') ε gegen $2\varkappa\tau$ vernachlässigt werden, und es bleibt

$$v = \alpha = \sqrt{\varkappa\tau}.$$

Beim Einsetzen dieses Wertes in r schließlich wird

$$r = \frac{2\varkappa\tau - 2\sqrt{\varkappa\tau} + 1}{2\varkappa\tau + 2\sqrt{\varkappa\tau} + 1}.$$

Auch 1 ist stets klein gegen $2\varkappa\tau$, wenn es ε ist, also läßt sich schließlich schreiben

$$(7) \qquad \ldots \ldots \ldots \qquad r = 1 - \frac{2}{\sqrt{\varkappa\tau}}.$$

Nach der S. 125 angegebenen Beziehung können wir statt der Reflexion auch die Emission einführen und erhalten

$$(7') \qquad \ldots \ldots \ldots \qquad \frac{e}{e_s} = \frac{2}{\sqrt{\varkappa\tau}}.$$

Die Formeln (7) bzw. (7') sind nächst der bekannten Beziehung, daß für nichtleitende Medien das Quadrat des Brechungsindex gleich der Dielektrizitätskonstante ist, das wichtigste Ergebnis der Maxwellschen Theorie über Eigenschaften der Materie. Ihre Bestätigung durch die Beobachtung erfolgte freilich sehr viel später als bei jener. Streng gültig ist sie, wie die Gleichung $v^2 = \varepsilon$, nur für sehr lange Wellen, und das ist der Grund, weshalb die experimentelle Prüfung lange nicht möglich war. Elektrische Wellen sind nämlich dazu nicht brauchbar, weil sie so vollständig reflektiert werden, daß der Unterschied des Reflexionsvermögens gegen Eins, auf den es nach (7) ankommt, nicht genau genug meßbar ist. Wählen wir z. B. Silber mit

$\varkappa = 5{,}5 \cdot 10^{17}$ elektrostatisch und $\lambda = 30$ ccm, also $\tau = \dfrac{\lambda}{c} = 10^{-9}$, so wird $r = 0{,}999915$, also praktisch 1. Hagen und Rubens unternahmen es daher, Messungen im Gebiete der längsten Wellen des ultraroten Spektrums auszuführen. Diese lieferten in der Tat eine vollständige Bestätigung der Gleichungen (7) und (7'), und können somit gleichzeitig als ein Beweis für die Richtigkeit der Theorie der elektrischen Wellen in Leitern, wie für die elektromagnetische Natur der Lichtwellen angesehen werden.

Die Elektronentheorie der langwelligen Metallstrahlung
von H. A. Lorentz.

Im vorigen Abschnitt war das Absorptionsvermögen der Metalle aus der Maxwellschen Theorie und mit Hilfe des Kirchhoffschen Satzes aus dem Absorptionsvermögen das Emissionsvermögen abgeleitet worden. Eine sehr wesentliche Ergänzung finden die hierbei erhaltenen Resultate dadurch, daß es H. A. Lorentz geglückt ist, direkt aus der Elektronentheorie einen Ausdruck für das Emissionsvermögen eines Metalles abzuleiten. Nun läßt sich aber auch der im vorigen Abschnitt erhaltene Ausdruck für das Absorptionsvermögen so schreiben, daß er nur die Daten der Elektronentheorie enthält. Dazu ist ja nur das Leitvermögen $\varkappa$ durch einen der S. 18 gegebenen Ausdrücke zu ersetzen. Nach dem Kirchhoffschen Satz muß dann der Quotient aus den so gefundenen Ausdrücken für Emissions- und Absorptionsvermögen frei sein von allen individuellen Konstanten des betrachteten Metalles, denn er ist gleich dem Emissionsvermögen des schwarzen Körpers. Er muß also auch weiter übereinstimmen mit dem Planckschen Gesetz für die Strahlung eines schwarzen Körpers. Mit einer gewissen Beschränkung ist dies Ergebnis tatsächlich von Lorentz erhalten worden. Von der Wiedergabe der schwierigen und langwierigen Berechnung muß hier abgesehen werden [1]). Wir beschränken uns auf eine Angabe ihrer Grundlagen und des Ergebnisses.

Der Betrachtung unterworfen wird eine sehr dünne Metallplatte, die gegen eine ihr senkrecht gegenüberstehende Fläche

---

[1]) Sie findet sich z. B., durch W. Wien dargestellt, in Enzykl. d. math. Wiss. V, 3, 326.

strahlt. In der Platte wird eine Elektronenbewegung nach dem Maxwellschen Verteilungsgesetz angenommen. Von jedem der Elektronen geht, sobald es eine Geschwindigkeitsveränderung irgend welcher Art erfährt, ein elektromagnetischer Impuls aus, dessen Größe für jede bestimmte Beschleunigung angegeben werden kann [1]). Die Summe aller dieser Impulse ist die ausgesandte Strahlung. Um die auf eine bestimmte Wellenlänge entfallende Energiemenge zu bestimmen, wird die an sich regellose Strahlung nach Fouriers Prinzip zerlegt gedacht in die Elemente, welche auf jede Schwingungsfrequenz entfallen. Bei der Koeffizientenbestimmung muß nun die Betrachtung beschränkt werden auf die Glieder, für welche die Schwingungsdauer groß ist gegenüber der Zeit, die ein Elektron zum Durchlaufen einer freien Weglänge braucht, also auf lange Wellen. Es ist dies dieselbe Beschränkung, die ja auch für die Betrachtung der Absorption nach Maxwell notwendig war. Für den in einem Frequenzbereich zwischen p und $p + dp$ ausgesandten Energiebetrag, also das Emissionsvermögen, findet sich dann der Wert

$$f_1 . \varDelta . p^2 dp . n . l . v,$$

worin f_1 ein von den Materialkonstanten freier, angebbarer Zahlenfaktor, $\varDelta$ die Plattendicke und n, l, v die Zahl freier Weglänge und Geschwindigkeit der Elektronen sind.

Das Absorptionsvermögen der dünnen Platte findet sich (auf dem im vorigen Abschnitt benutzten Wege) zu

$$f_2 . \varDelta . \varkappa,$$

worin f_2 ein Zahlenfaktor derselben Art wie f_1 und $\varkappa$ das Leitvermögen des Metalles ist. Ersetzen wir dieses durch den aus der Elektronentheorie folgenden Ausdruck (1), S. 18, so folgt das Absorptionsvermögen zu

$$f_2' . \varDelta . \frac{n\,l\,v}{\alpha\,T} .$$

Der Quotient aus Emissions- und Absorptionsvermögen wird jetzt

$$f_3 . \alpha\,T . p^2 dp,$$

also tatsächlich frei von den Materialkonstanten. Ersetzen wir die Schwingungsfrequenz durch die Wellenlänge, indem $p . \lambda = c$, so wird

---

[1]) Vgl. J. J. Thomson, diese Sammlung 25, 43.

$$p^2\, dp = -\frac{c^3}{\lambda^4}\, d\lambda$$

und man erhält für das Emissionsvermögen des schwarzen Körpers

$$f_3' \cdot \frac{T}{\lambda^4}\, d\lambda.$$

Der Plancksche Ausdruck [1]

$$C \cdot \frac{\lambda^{-5}}{e^{\frac{c}{\lambda T}} - 1}\, d\lambda$$

geht aber tatsächlich für große λ in diese Form über. Die Lorentzsche Ableitung zeigt sich damit als berechtigt, und bildet so einen der wesentlichsten Erfolge der Elektronentheorie überhaupt.

Die Beobachtung der Emission und Reflexion der Metalle im langwelligen Spektrum.

Die Methoden zur Bestimmung des Reflexions- und Emissionsvermögens der Metalle im ultraroten Gebiet, sowie die zur Isolierung und Messung wohldefinierter langwelliger Strahlungen rühren fast ausschließlich von Hagen und Rubens und ihren Mitarbeitern [2] her. Für die Einzelheiten dieses Abschnitts wird daher ein spezieller Nachweis unterbleiben können.

Für die Herstellung einer möglichst monochromatischen langwelligen Strahlung kommt die Methode der prismatischen Zerlegung und die der Reststrahlen in Gebrauch. Die erstere liefert den unmittelbaren Anschluß an das sichtbare Spektrum; sie setzt die genaue Kenntnis der Dispersion des Prismenmaterials und möglichst geringe Absorption voraus. Diese Forderungen sind für Flußspat bis zu $8\,\mu$, für Sylvin bis $14\,\mu$ erfüllt. Für noch längere Wellen, wo die Durchlässigkeit dieser Materialien unzureichend wird, tritt die Methode der Reststrahlen [3] ein, insbesondere solcher, die von Quarz $(8{,}85\,\mu)$ und Flußspat $(26\,\mu)$

[1] Siehe Kohlrauschs Lehrbuch, 11. Aufl., S. 362. — [2] Ann. d. Phys. (4) 8, 1, 432 (1902); 11, 873 (1903); Sitzungsber. d. Berl. Akad. 16, 478 (1909); Phys. Zeitschr. 11, 139 (1910). — [3] Siehe Kohlrauschs Lehrbuch, 11. Aufl., Ziffer 72a III.

gewonnen sind. Auch Reststrahlen von Kalkspat (6,65 μ) sind verwendet worden. Kürzere Wellenlängen sind bei solchen Strahlen bisher noch nicht bekannt, so daß diese Methode sich mit der der Prismenzerlegung gerade ergänzt.

Bei der Bestimmung des Reflexionsvermögens diente als Strahlenquelle der Nernstkörper und zu den Intensitätsmessungen die Thermosäule. Da das Reflexionsvermögen sich nach (7), S. 132, mit zunehmender Wellenlänge der Eins immer mehr nähert, ist eine hinreichend genaue Messung nur für die kürzeren Wellenlängen möglich. Für die längeren läßt sich nur die des Emissionsvermögens ausführen, so daß für dieses vorzugsweise die Reststrahlenmethode in Anwendung kommt. Hier wird die von dem auf gegebene Temperatur erhitzten Metall ausgehende Strahlung und die eines schwarzen Körpers gleiche Temperatur drei- bis viermal an Quarz- oder Flußspatflächen reflektiert und dann mit der Thermosäule gemessen. Ihr Quotient ist nach (7) und (7'), S. 125, gleich der Differenz des Reflexionsvermögens gegen Eins.

Zur Darstellung der Resultate ist es nützlich, in die Gleichungen (7) und (7'), S. 132, erst das von Hagen und Rubens adoptierte Maßsystem einzuführen. Während $\varkappa$ in der gegebenen Ablenkung als Leitvermögen in elektrostatischem Maße gedacht war, ist bei Hagen und Rubens der reziproke in Ohm gemessene Widerstand eines Drahtes von 1 m Länge und 1 mm² Querschnitt hierfür eingeführt, also die Zahlen der Tabelle II, S. 21. Bezeichnen wir diese Größe mit $\varkappa'$ und das Verhältnis der elektrischen Maßsysteme mit c, so findet sich leicht

$$\varkappa = c^2 . 10^{-5} \varkappa'.$$

Ferner ist bei Hagen und Rubens statt der Schwingungsdauer τ die Wellenlänge in μ eingeführt. Hierbei wird

$$\tau = \frac{\lambda}{10^4 . c}$$

und zusammen wird, wenn $c = 2{,}997 . 10^{10}$

$$\varkappa \tau = 29{,}97 . \varkappa' \lambda.$$

Schließlich wird das Reflexionsvermögen in Prozenten gerechnet; wenn wir es in dieser Bezeichnung R schreiben, so wird schließlich

$$100 \frac{e}{e_s} = 100 - R = \frac{200}{5{,}47 \sqrt{\varkappa' \lambda}} = \frac{36{,}5}{\sqrt{\varkappa' \lambda}} .$$

Für jedes der untersuchten Metalle wurde außer der Größe $100 - R$ das Leitvermögen gemessen. Für die Wellenlängen, für welche die Maxwellsche Relation richtig ist, sollte nun die Größe

$$100 \frac{e}{e_s} \sqrt{\varkappa'} = (100 - R) \sqrt{\varkappa'} \doteq \frac{36,5}{\sqrt{\lambda}} = C_\lambda \quad . \quad . \quad (1)$$

bei allen Metallen ein und dieselbe Konstante sein. Die Untersuchung erstreckte sich auf Ag, Cu, Au, Pt, Ni, Bi, Stahl, Patent-

Fig. 23.

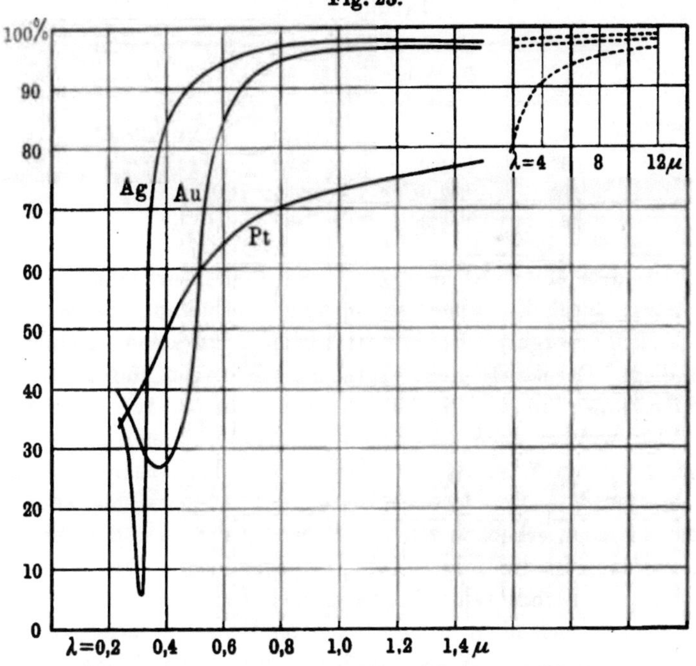

Reflexionsvermögen von Silber, Gold und Platin.

nickel, Konstantan und zwei Spiegellegierungen und lieferte folgende Ergebnisse: Während im sichtbaren Spektrum die Reihenfolge der Metalle hinsichtlich des Reflexionsvermögens völlig regellos ist, ordnen sie sich um so mehr nach der Größe ihrer Leitfähigkeit, je mehr man im ultraroten Gebiet fortschreitet. Schon bei $4\,\mu$ stören die Abweichungen von der Gleichung (1) nicht mehr die Reihenfolge der Metalle, bei $26\,\mu$ sind sie beinahe verschwunden. Diese Tatsachen werden illustriert durch Fig. 23, welche das Reflexionsvermögen von Au, Ag, Pt in Prozenten gibt, und genauer noch durch die von Hagen und Rubens aufgestellte Tabelle XXII. In dieser ist die berechnete Größe C_λ der Gleichung (1) und das Mittel der bei den genannten Metallen dafür beobachteten Werte für verschiedene Wellenlängen zusammengestellt. Außerdem ist unter Δ die durchschnittliche Abweichung der für die einzelnen Metalle gefundenen Werte vom Mittel angegeben.

Tabelle XXII.

λ	C_λ beob.	C_λ ber.	Δ
4	19,4	18,25	21,0 Proz.
8	13,0	12,90	14,5 „
12	11,0	10,54	9,6 „
26	7,36	7,23	4,9 „

Die drei ersten Reihen sind durch Reflexionsbeobachtungen, die letzte durch Emissionsbeobachtungen erhalten. Es sei ausdrücklich hervorgehoben, daß die Legierungen keine Ausnahmen von dieser Gesetzmäßigkeit bildeten, wie später durch Hagen und Rubens noch ausdrücklich an einer Reihe von 16 Legierungen bewiesen wurde; auch geschmolzene Metalle bildeten keine Ausnahme, wie an Wismut, Woodscher und Rosescher Legierung gezeigt wurde. Der feste Wismut fällt dagegen als einziges Metall ziemlich erheblich aus der Reihe heraus, so daß er bei der Mittelbildung in der obigen Tabelle ausgeschlossen wurde. Auch die starke Änderung seines Leitvermögens durch ein magnetisches Feld äußerte sich nicht entsprechend im Emissionsvermögen.

In interessanter Weise ergänzt wird dieser Vergleich der verschiedenen Metalle bei konstanter Temperatur durch die Untersuchung der Abhängigkeit des Emissionsvermögens von der Temperatur, die an Silber, Platin, Nickel, Messing, Platinsilber, Konstantan und Nickelstahl ausgeführt wurde. Das erwartete Ergebnis, daß das relative Emissionsvermögen $J = \dfrac{e}{e_s}$ bei allen Temperaturen proportional der Wurzel aus dem spezifischen Widerstande des Metalles bleibe, findet sich bei 26 μ Wellenlänge gut bestätigt. Demzufolge muß bei reinen Metallen (nach S. 25) eine starke Zunahme von J mit steigender Temperatur beobachtet werden, während sich für Legierungen mit einem von der Temperatur unabhängigen Widerstande e mit der Temperatur ebenso wie für den schwarzen Körper ändern muß. Die Beispiele von Silber und Konstantan illustrieren dies.

Tabelle XXIII.

Emissionsvermögen $J = \dfrac{e}{e_s}$ bei $\lambda = 26\,\mu$ für Silber und Konstantan.

Temperatur	Silber		Konstantan	
⁰ C	J beob.	J ber.	J beob.	J ber.
100	1,05	1,03	4,65	5,09
200	1,18	1,18	4,68	5,08
300	1,35	1,32	4,73	5,08
400	1,46	1,44	4,70	5,07

Sogar die S. 36 beschriebene Unregelmäßigkeit im Verlauf des Widerstandes von Nickel kommt im Emissionsvermögen deutlich zum Ausdruck.

Für die Reststrahlen von Quarz ($8,85\,\mu$) war die Abhängigkeit der Strahlung von der Temperatur noch vollständig nach dem elektrischen Verhalten vorauszusehen, während allerdings die Absolutwerte des Emissionsvermögens J schon kleiner waren als die berechneten. Da nun im Gebiete des sichtbaren Lichtes die optischen Eigenschaften so gut wie überhaupt nicht mehr von der Temperatur abhängen [1]), muß der Übergang zu diesem Verhalten in dem kleinen Gebiet zwischen $9\,\mu$ und $0,8\,\mu$ zu suchen sein. Auch hierüber haben Hagen und Rubens Messungen angestellt, deren Resultat in der folgenden Tabelle von Rubens anschaulich dargestellt ist. Hier ist der aus den optischen Daten des Nickels nach der Maxwellschen Relation zu berechnende Temperaturkoeffizient des spezifischen Widerstandes für verschiedene Wellenlängen des fraglichen Intervalls zusammengestellt.

---

[1]) Vgl. z. B. Laue und Martens, Phys. Zeitschr. 8, 853 (1907).

Tabelle XXIV.

λ	Temperaturkoeffizient	λ	Temperaturkoeffizient
0,78	0,000 00	3,0	+ 0,000 56
1,0	— 0,000 03	4,0	+ 0,001 65
2,0	+ 0,000 10	5,0	+ 0,005 18

Der elektrisch gemessene Temperaturkoeffizient dieses Nickels war + 0,00627 zwischen 0 und 300°. Der gesuchte Übergang findet also zwischen etwa 5 μ und 2 μ statt.

Die Dispersion der Metalle.

Bei weitem nicht im gleichen Grade theoretisch und experimentell abgeschlossen wie die Resultate im langwelligen Gebiet sind die über den Verlauf der Brechung und Absorption der Metalle im sichtbaren und im ultravioletten Teile des Spektrums. Wir beschränken uns daher hier auf eine kurze Übersicht über dieses dem Gegenstand des Buches schon ferner liegende Gebiet.

Die Beobachtungen, die zur Prüfung jeder Theorie stets Brechungs- und Absorptionskoeffizient am gleichen Material liefern müssen, sind in neuerer Zeit nur noch nach der Methode des Haupteinfallswinkels und Hauptazimuts (s. S. 126) erfolgt. Nach W. Meier[1]), der zuletzt Messungen darüber vorgenommen hat, wird dabei eine Genauigkeit von etwa ± 5 Einheiten der zweiten Dezimale sowohl für ν wie für die Größe $\nu\alpha$ erreicht. Mit der Prismenmethode wird nur in einigen Fällen eine befriedigende Übereinstimmung erzielt, wie die folgende Zusammenstellung zeigt. Doch ist der Grund dafür wohl zweifellos in den gegen die Prismenbeobachtung vorliegenden Bedenken zu suchen.

Einige weitere Resultate über die Dispersion von ν und $\nu\alpha$ im sichtbaren und ultravioletten Spektrum nach Minor (Cu und Ag) und W. Meier (Pt und Hg) sind in Fig. 24 und 25 enthalten. In diesen beiden Arbeiten ist auch eine ziemlich vollständige Angabe sämtlicher bisher überhaupt ausgeführten Messungen enthalten.

---

[1]) Ann. d. Phys. (4) **31**, 1017 (1910).

Vergleich der Brechungsindices von Metallen nach der Prismenmethode und aus den Konstanten der Reflexion [1]).

	$\lambda = 431$		$\lambda = 486$		$\lambda = 589$	
	Pr.	Refl.	Pr.	Refl.	Pr.	Refl.
Kupfer	1,13	1,135	1,12	1,110	0,60	0,617
Silber	0,27	0,16	0,20	0,17	0,27	0,18
Platin	1,41	1,92	1,63	2,18	1,76	2,6

Zur Darstellung dieser Resultate durch die Theorie hat Drude eine Erweiterung der Helmholtzschen Dispersionstheorie vorgenommen. Es sei daran erinnert, daß nach der Helmholtzschen Annahme beim Eintreten einer elektrischen Welle in den Körper die an den Atomen oder Molekülen elastisch befestigten Ladungen zum Mitschwingen kommen nach den für alle Resonanzerscheinungen geltenden Gesetzen. Die Anwendung der Resonanzgleichung liefert eine periodische Schwingung der Ladungen, die zusammen mit den wechselnden Polarisationen des Äthers, die in die Maxwellschen Gleichungen (S. 127) einzusetzende elektrische Strömung (u, v, w) ergibt. Es zeigt sich weiter, daß man diese Strömung genau in der Gestalt $(2')$, S. 8, erhalten kann, wenn man für ε einen komplexen Wert wählt. Der weitere Verlauf der Rechnung kann also etwa analog dem S. 9 und 10 gegebenen ausgeführt werden, und so werden auch die Ausdrücke für Brechungsindex und Absorption erhalten.

In den Metallen kommen nun nach Drude zu diesen elastisch schwingenden Ionen die frei beweglichen Elektronen hinzu, die zur Erklärung der Elektrizitätsleitung eingeführt worden sind. Für die Bewegung dieser Elektronen unter dem Einfluß einer periodischen äußeren Kraft ist nur ihre Trägheit und die Reibung maßgebend, die sich auch im elektrischen Widerstand äußert. Ihre Bewegungsgleichungen gehen mithin aus denen der elastisch

---

[1]) Die Prismenbeobachtung von Shea, Wied. Ann. 47, 177 (1892); die Reflexionsbeobachtung für Cu und Ag von Minor, Ann. d. Phys. (4) 10, 581 (1903); für Pt von W. Meyer, l. c.

schwingenden Ionen hervor, wenn man die elastische Kraft Null,
oder, was dasselbe ist, die Periode der Eigenschwingung unendlich
groß setzt. Die mathematische Durchführung dieser Theorie, die
von Drude selbst und von anderen [1]) mehrfach gegeben worden
ist, soll hier nicht ausgeführt werden. Ihre Anwendung auf die
Beobachtungen ergab, wie besonders von W. Meier gezeigt worden

Fig. 24.

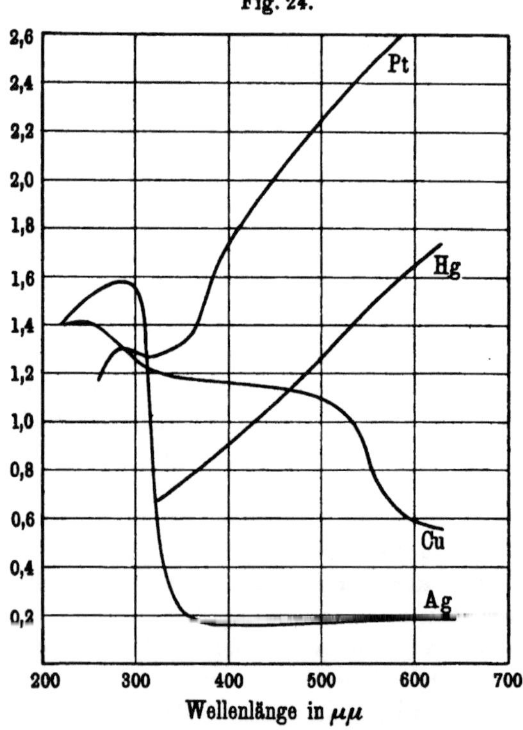

Brechungsindices von Platin, Quecksilber, Kupfer, Silber nach
Minor und W. Meier.

ist, daß eine Darstellung der Beobachtungen mit einer Gattung
freier Elektronen und einer oder mehreren elastisch gebundenen
Elektronen meist gut möglich war. Für Kupfer und Silber
z. B. wurden je drei, für Platin vier Elektronengattungen mit

---

[1]) Drude, Ann. d. Phys. (4) 14, 936 (1904); Lehrbuch der Optik,
2. Aufl., S. 385. W. Voigt, Magneto- und Elektrooptik, § 76.

Eigenschwingungen im ultravioletten und sichtbaren Gebiet angenommen, um den Verlauf der Brechungs- und ·Absorptionskoeffizienten wiederzugeben. Für Quecksilber reichte sogar die Annahme nur freier Elektronen aus. Im übrigen schließen sich für sehr lange Wellen die Dispersionsformeln den im ersten Abschnitt dieses Kapitels gegebenen an.

Fig. 25.

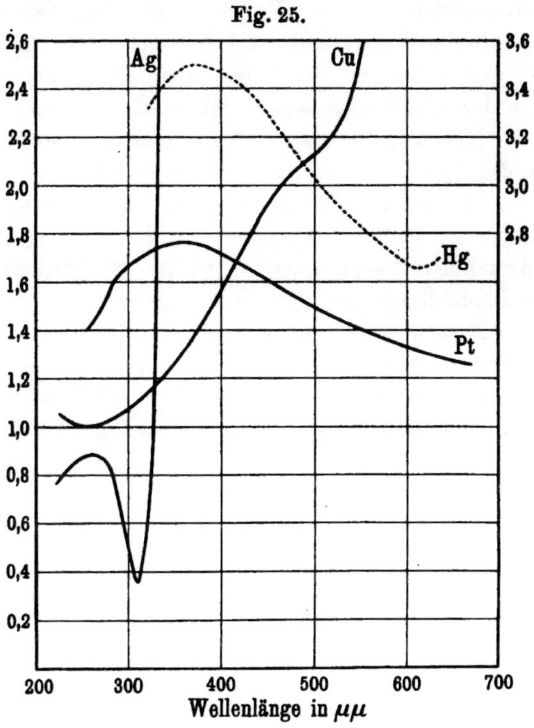

Absorptionskoeffizienten von Platin, Quecksilber, Kupfer, Silber nach Minor und W. Meier. (Die Zahlen rechts gelten für Hg.)

Die Drudeschen Formeln haben noch dadurch ein besonderes Interesse für die Elektronentheorie der Metalle, daß sie gestatten, aus den optischen Konstanten die Zahl der freien Elektronen pro Volumeinheit wie auch ihren Reibungswiderstand bei der Bewegung im Metall zu berechnen. Diese Rechnung ist von Schuster, von Drude selbst und von Riecke[1]) ausgeführt

---

[1]) Vgl. Phys. Zeitschr. 10, 518 (1909).

worden, und hier zeigt sich nun, daß die Theorie das Ideal, den vollständigen Anschluß der optischen an die elektrischen Eigenschaften der Metalle zu geben, noch durchaus nicht erreicht. Einmal findet sich, daß der für die Bewegung der Elektronen im elektrischen Strom maßgebende Widerstand durchaus nicht als gleich angenommen werden darf mit der bei optischen Schwingungen auftretenden Reibung. Es geht dies schon daraus hervor, daß der spezifische Widerstand stark, die optischen Eigenschaften so gut wie gar nicht von der Temperatur abhängen. Auch die Berechnung der Elektronendichten ist wohl noch nicht von Bedenken frei. Riecke, der sie möglichst ohne alle weiteren Hilfsannahmen durchgeführt hat, findet Zahlen, die von dem Wert $53{,}4 \cdot 10^{22}$ Elektronen pro Kubikzentimeter bei Silber bis $0{,}8 \cdot 10^{22}$ bei Wismut gehen, Größenordnungen, die immerhin mit den nach anderen Annahmen berechneten nicht im Widerspruch stehen. So ist die Behandlung der optischen Eigenschaften der Metalle mit Drudes Theorie wohl noch durchaus nicht als abgeschlossen anzusehen, vielmehr erscheint eine Verfeinerung der einzuführenden Grundannahmen noch als notwendig, um den wünschenswerten Zusammenhang mit den elektrischen Eigenschaften herzustellen.

REGISTER.